# 你不知道的海洋秘密

纸上魔方◎编著

重庆出版集团 重庆出版社

# 目录

contents

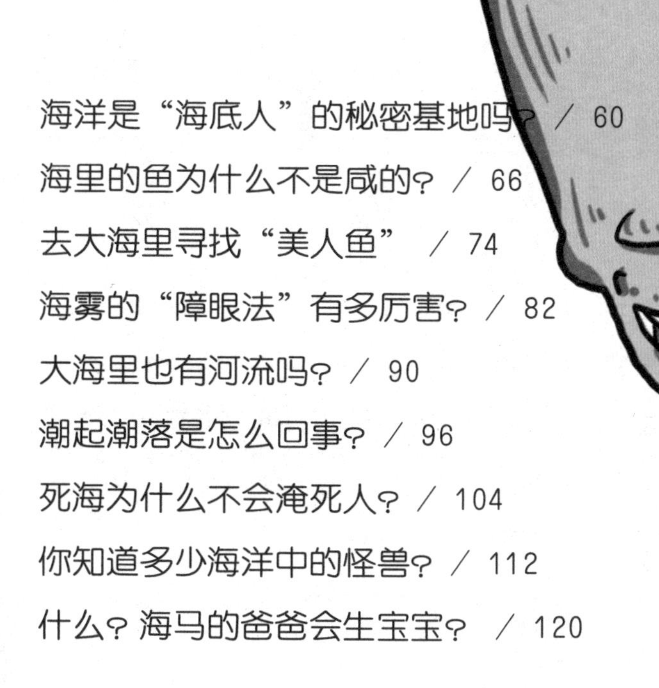

# 海水是从天上来的吗？

从太空中看我们的地球，它就像黑色天幕中的蓝色星球一样，让人充满了遐想。地球为什么会是蓝色的呢？那是因为地球上一大半都是蓝色的海洋哟！在太阳系中，恐怕只有我们的地球是这么水嫩嫩的呢！小朋友们一定会奇怪，为什么太阳系中只有地球有这样的奇景呢？难道它是从天上来的？

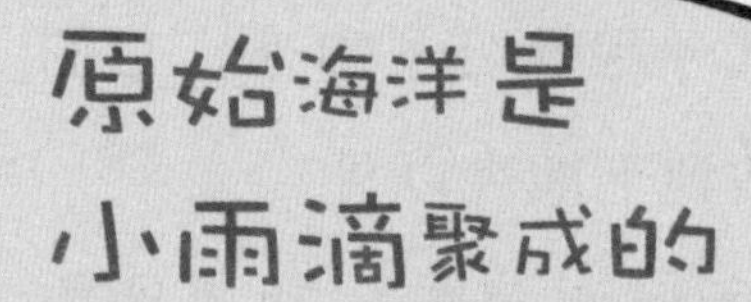

# 原始海洋是小雨滴聚成的

大家不要以为地球一出生就是现在的样子哦！在很久很久以前，地球刚刚出生，外层包裹的原始大气层是一团混沌的状态。

当时的地壳还在形成阶段，温度很高，地球岩石里的水汽也因为这么高的温度而蒸发到了空中。所以原始大气层是由水汽和大气混合在一起而形成的，整天都是浓云密布的样子。随着地壳的冷却，大气的温度跟着降低，水汽与大气分离，形成雨滴落了下来。

就这样，雨下了很久很久，形成的洪水流进地球上所有凹陷的地方，水越聚越多，汇成了一个个巨大的水体，这就是原始的海洋。

# 海水都是从天上来的吗？

一些科学家也提出了不同的观点，他们认为海洋中的水并不是天上下来的雨水聚集起来的，而是像泉水一样从地下冒出来的。

因为，在地球形成的时候，构成地球的岩石物质并不是紧密的岩石颗粒，而是由水分和大气与岩石松散地结合在一起的。

岩石在地心引力的作用下结合得越来越紧密，温度也越来越高。于是，水分变成了水蒸气，和大气一起被赶了出来，它们顺着由地震、火山爆发等产生的缝隙钻到了地壳以外。

外面的温度比里面要低很多，所以水蒸气一冲出地壳就会再次凝结成水珠，水珠越聚越多，一片汪洋大海就形成了。

所以一部分科学家认为，海水应该是从地下冒出来的，并不是小雨点聚集而成的。不过直到现在，关于海水到底是从哪儿来这个问题，还存在着很大争议。也许等到科学技术更加发达的时候，我们就会更加地了解海洋，找到海水的由来吧！

## 太平洋从哪儿来？

关于海水的由来，小朋友们已经有了一定的了解，那么地球上最大的海洋——太平洋又是怎么形成的呢？地球上怎么会有那么大的一个“坑”呢？

太平洋的形成、演化要比其他的大洋更久远。许多人认为，太平洋的洋盆可能是由一个流星撞击出来的呢！

以前的地球并不是只有月球一个卫星，还有一颗有月亮两倍大的星球也在不停地绕着地球旋转。但是后来它偏离了轨道，直接向地球撞了上来，在地球上留下了一个 “大坑”。

这个“坑”成了地球上地势最低的地方，水往低处流，于是陆地上的水便顺着地势“哗哗”倒了进去，太平洋就这样形成啦！

## 月海是月球上的太平洋

月球的月海是星体撞击而形成的，它的形状特质构成与太平洋有很多相似的地方。大家也许会觉得，星球撞后应该留下星球，怎么会变成“大坑”呢？原因可以从月海那里找到哟！星体撞击落到月球后，由于热量原

因，和月球表面被撞区域的物质一起汽化，等冷却下来就形成了一个大坑。

当然也有星体撞击过地球，形成了一个个大坑，这些坑最大的就是太平洋洋盆。

海水为什么是咸的呢?

其实，海水在刚开始形成的时候并不是咸的，而是酸的，就跟现在的醋一样有些酸味，而且非常烫，要是放个鸡蛋进去，一会儿就能煮熟了。

海水本身的温度就很高，再加上阳光的照射，所以海水的水分就不断蒸发，到空中遇到冷空气便会形成雨水落到地面上。雨水将陆地和海底岩石中的盐分溶解在一起，再流入大海中，然后再蒸发，再落下来，再和盐分溶解在一起流进大海……如此反复，经过亿万年的积累融合后，海水就慢慢地变咸啦。

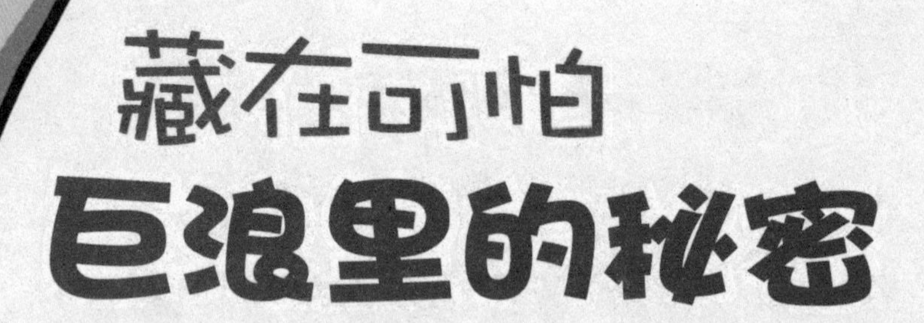

# 藏在可怕巨浪里的秘密

小朋友们听说过海怪吗？出海打鱼的船只本来在风平浪静的大海上平稳行驶，突然，怪风吹起来，翻天的巨浪像墙一样扑来，船只像一片树叶一样左右摇晃，人们惊恐万分。大家纷纷猜测，这恐怕是海怪搞的鬼！难道海洋中的巨浪真的是海怪在作祟吗？让我们勇敢地去寻找巨浪的秘密吧！

## 海怪掀起巨浪打翻船只

一些常常出海的人，最怕的就是海上的突发情况。人们在海上航行时，经常会遇到一些无法理解的怪异现象。

航船本来在一片平静安详的海面前行，刹那间，或者一道水墙挡住航船的去路，或者有一座水山向航船扑来。小朋友们不要以为这只是海上探险故事里才有的情节，要知道不久以前，本来只存在于小说中的故事却真实地发生啦！

1980年，一艘英国 “德比郡”号航船出海。这艘船在当时应该算是“体型”巨大的船只了，这样一只庞然大物，在走到日本

海岸附近时，却突然失踪了。船上的人全部遇难，无一生还。

事件发生后，谣言四起，很多人都认为这是海怪在作祟。当大家研究船只失事原因时，发现原来是突然出现的巨浪把船的主舱口打开，整个船舱进水后迅速沉没……但是这一切几乎在瞬间发生，而且毫无征兆，人们更加确信是海怪在捣乱。

## 真的是海怪在作祟吗？

此后的日子，人们通过对海洋的观察，发现这样的巨浪并不罕见，难道真的是水下的海怪在搅动海水吗？

事实上，这是没有科学依据的。按常理来说，海浪是风吹过海面时引起海水的波动而形成的，就像我们在小池塘中看到的涟漪一样，但它是不会变成那么恐怖的巨浪的。

但是，当风力超过12级时，大风就会给海中的小波浪注入非常大的力量，风吹得越大，浪头就会越高，巨大的海浪就这样形成了。

小朋友们知道吗？至今有记录的最大风浪，浪高足足有34米呢！

## 巨浪是怎么形成的呢？

巨浪只靠风力，还不会形成那么大的威力，而且巨浪掀起时，一般不会有征兆。于是，有的科学家认为，巨浪是由小风浪堆积起来的。

比如，在大西洋和印度洋汇合的地方，就经常形成巨浪。因为在那里迅速流动的厄加勒斯洋流与南半球海洋吹来的西风相遇，水流速度放慢，小海浪便会你碰我，我撞你。当很多小海浪碰撞在一起时，就会堆积成一个很大的浪头，形成巨浪。

但是，巨浪究竟是怎么形成的，一直到今天，仍然没有一个确切的说法。

## 海浪和巨浪一样吗？

海浪和巨浪当然不一样，它们的区别就在于浪高，如果要让海浪变成巨浪的话，必须要具备三个条件：

首先，要有一定的风速。如果风速太小，海浪只会被风推着走，不会形成巨大的浪高。

其次，海风持续时间要长。时间越长，形成的浪头才会越高。

最后，海洋的面积要大。海洋有足够大的面积，才会为巨浪的形成提供充足的动力，在小池塘中，是永远不会形成巨大的浪头的。

## 巨浪来袭时的恐怖

虽然巨浪并不是海怪带来的，但是，巨浪对于与海打交道的人们来说就如同恶魔一样可怕。

巨浪一次次来袭，打击着人们脆弱的心，人们根

本无法估计它所毁灭的轮船数量。它不仅在海上吞噬着人们的生命，而且连近海区域也成了它耍威风的地方。

1982年，纽芬兰大沙滩上的钻井架“海洋徘徊者”就遭受了巨浪的袭击。巨浪狠狠撞击控制台的窗户，门窗刹那间粉身碎骨。紧接着，海水浸满整个控制台，钻井架随之倒塌，造成多人遇难。巨浪将当时世界上最大的海洋石油平台沉进了海底。

人们无法预计巨浪的出现，海洋线上的很多船只都是在人们认识巨浪之前设计的，近海石油平台也是在对巨浪毫无防备的情况下建造的。

巨浪发生的频率和地点并不统一，所以人们总存在侥幸心理，这也成为了巨浪肆虐并造成重大损失的重要原因之一。

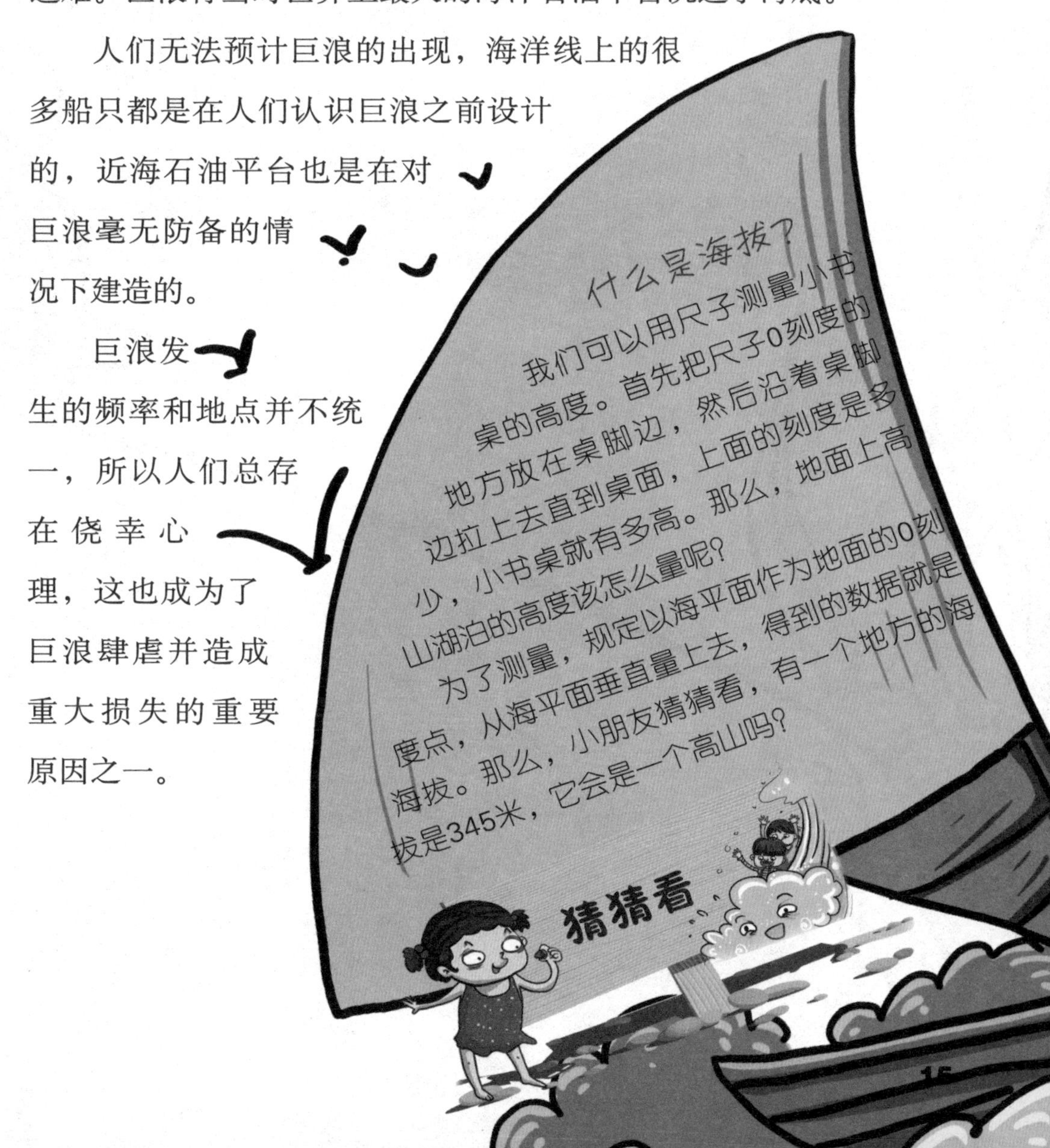

# 海底世界的狂风暴雨

近些年我国北方地区时常会发生沙尘暴，当沙尘暴来袭时，我们不能再出去玩，只能被关进屋子。那时候你一定会想，如果能躲进海底该有多好呀，海底有水的保护一定不会有这么大的风。可是小朋友，深海下就没有风暴了吗？让我们一起去看看那并不平静的海底世界吧！

# 是谁在海底留下了波纹？

几年前，科学家在美国东北部大西洋沿海考察时发现，在约5千米深的海底采上来的海水是混浊的，而且简直就是漆黑一团，比浅层海水的混浊度要高出百倍。从拍摄到的海底照片中可以看到，海底竟然有一道道规则的波纹，就像陆地上的沙丘刚刚被风吹过留下的波纹一样。

这些现象引起了科学家的关注，是谁把5千米深的海底搅动混浊的，又是什么力量在海底留下了波纹呢？难道在平静的深海中也会有陆地上一样的风吗？

# 怎么发现了风暴？

水中刮风？这简直不可思议！但是美国科学家发起的“赫伯尔实验”证明这的确是一个事实。这次实验在海底设置了一连串自制的海流计，采集了海底的水样，拍摄了很多照片，测量了海水的透明度，对深海进行了长时间的连续观测。

通过对各种各样的数据进行分析后，科学家终于发现，海水的混浊度随地点、时间的变化而变化，越靠近海底海水混浊度越高。也许一星期前检测某地的海水还非常混浊，可是一个星期后就突然变清了。有一架透明度仪观察到了3次极端黑暗期，每次持续3～5天，观察结果是该区域混浊时的海水比世界上任何一个水域都浑，都脏。

由此，科学家得出了结论，在海底有一股约1千米长的沉积物，它在海底像“云雾”一样滚动着，就像刮起了一股“风

暴”。而且这个风暴非常猛烈，它能把海底的沉积物刮起来，使海水变得异常混浊。

## 风暴从哪儿来？

一些科学家认为，这个沉积物是墨西哥流左右摆动而形成的。而且，海域内有一条南北走向的海底隆起，这种上下起伏的地势会引起深海水激烈地搅动。

还有一些科学家指出，在“赫伯尔实验”区域的南部有水下死火山山脉，这种海底起伏的地势改变了海流方向，形成了剧烈的漩涡。

科学家对于海底“风暴”有着各种不同的说法，至于这个深海的潜流来自哪里，还是一个谜哦！

## 百慕大三角下有金字塔？

小朋友们听过百慕大三角吗？它又被称做“魔鬼大三角”。船只、飞机常常会在这个区域神秘地消失，科学家对这个问题作了很

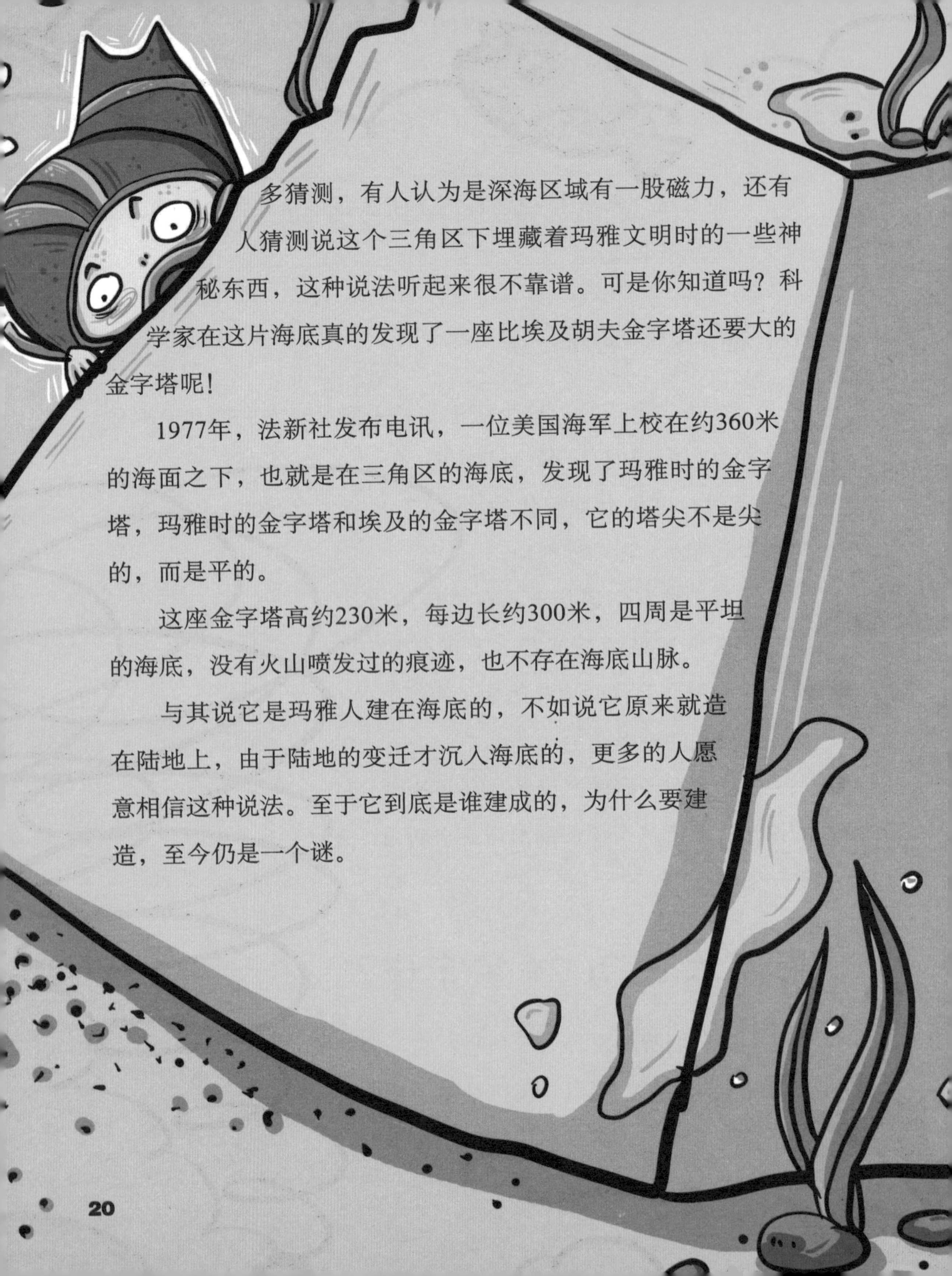

多猜测，有人认为是深海区域有一股磁力，还有人猜测说这个三角区下埋藏着玛雅文明时的一些神秘东西，这种说法听起来很不靠谱。可是你知道吗？科学家在这片海底真的发现了一座比埃及胡夫金字塔还要大的金字塔呢！

1977年，法新社发布电讯，一位美国海军上校在约360米的海面之下，也就是在三角区的海底，发现了玛雅时的金字塔，玛雅时的金字塔和埃及的金字塔不同，它的塔尖不是尖的，而是平的。

这座金字塔高约230米，每边长约300米，四周是平坦的海底，没有火山喷发过的痕迹，也不存在海底山脉。

与其说它是玛雅人建在海底的，不如说它原来就造在陆地上，由于陆地的变迁才沉入海底的，更多的人愿意相信这种说法。至于它到底是谁建成的，为什么要建造，至今仍是一个谜。

## 玛雅文明是什么？

玛雅文明是拉丁美洲古代印第安人创造的文明，诞生在热带雨林地区，它的崛起、发展及消失都带着浓厚的神秘色彩。

玛雅文明的建筑工程水平非常高，能对坚固的石料进行雕镂加工，其雕刻、彩陶、壁画都有很高的艺术价值。

玛雅人已经掌握日食周期和日、月、金星的运动规律，推算出了五个太阳纪。最奇特的是，他们的浮雕上出现了类似火箭的形状，以及传说中的水晶头骨。

# 夏天的大海为什么会很"冷"？

放暑假了，你想去哪儿呢？人们在盛夏时特别喜欢去海边，因为那里可以享受阳光、沙滩、海浪，最重要的是在海边会比在陆地上凉爽得多。如果你喜欢在大海中游泳的话，是不是感觉海水挺凉的，游得更远些的话，还有可能被冻得浑身发抖呢！为什么夏天的大海会这么冷呢？那到了冬天，大海会不会又变暖和了呢？呵呵，大海真是神奇呀，让我们出发去看看吧！

## 为什么海水这么凉？

夏天，人们喜欢去海边避暑，虽然烈日炎炎，沙滩被晒得滚烫，可是从大海中吹来的海风却很凉爽。特别是海水，远离海区的海水有时还会给人一种冰冷的感觉呢！为什么会出现这样的情况呢？

人们研究发现，太阳带来的热量到达地球后，大部分热量被地球吸收了，只有一小部分会反射回空中去。陆地属于固体，太阳晒了一整天，也只能晒透它的表层，所以它吸收太阳热量能力差，储存热量的能力也很差。由此可见，陆地上白天热得快，夜晚也凉得快。

而海水却不一样，它吸收热量的能力很强，储存热量的能力也很强，到达地球的大部分热量被海洋吸收并储存起来，海洋就成了地球上巨大的热能仓库。但同时它还有升温慢、降温也慢的特点，所以当沙滩已经被晒得烫脚的时候，海水温度不可能升得太高，当人们跳进海中游泳的时候，就会觉得海水很凉啦！

## 海洋对地球有什么作用呢？

地球上的热量主要是由海洋来调节的。海洋不但可以通过大气调节地球气候，而且海洋浮游植物通过光合作用，可以向地球大气提供40%的再生氧气，而地球另外所需的氧气则是由森林和其他地表植物提供的。

所以人们把海洋与森林叫做地球的两叶肺。这两叶肺可不像我们人类的肺一样哟，我们的肺吸进氧气呼出二氧化碳，但是地球的肺是吸进二氧化碳，呼出氧气。海洋呼出的新鲜氧气顺着海风，扩散到空气中，因此人们总会感觉海边的空气很新鲜，喜欢到海边度假。

## 海水可以储存热量

因为海水是半透明的，所以太阳光只可以照射到海水的一定深度之内。经过长期的观察，人们发现到达水面的太阳辐射能量大约有60%可以透射到1米左右的深度，约有18%可以到达海面以下10米左右的深度，至于到达100米的深度，就只有很少量的太阳辐射能量了。

不要以为太阳照射海水，海水的温热只能在10米左右的深度

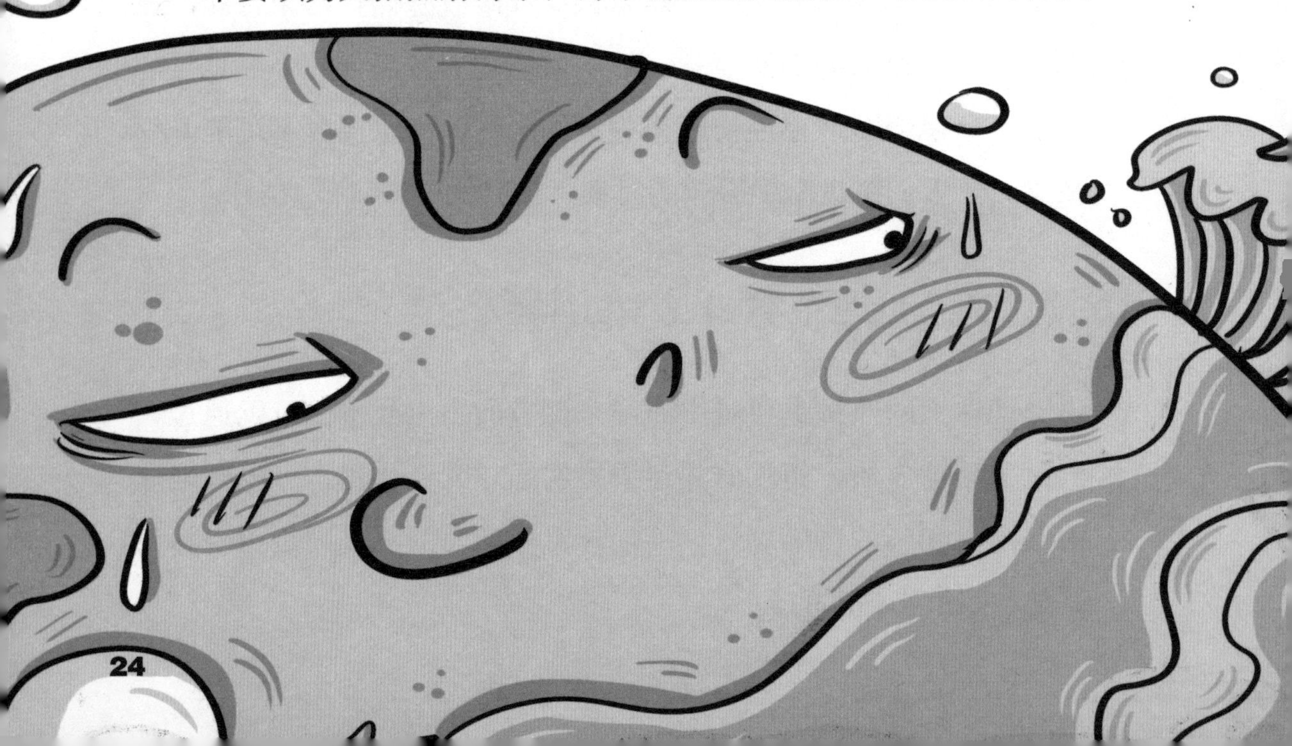

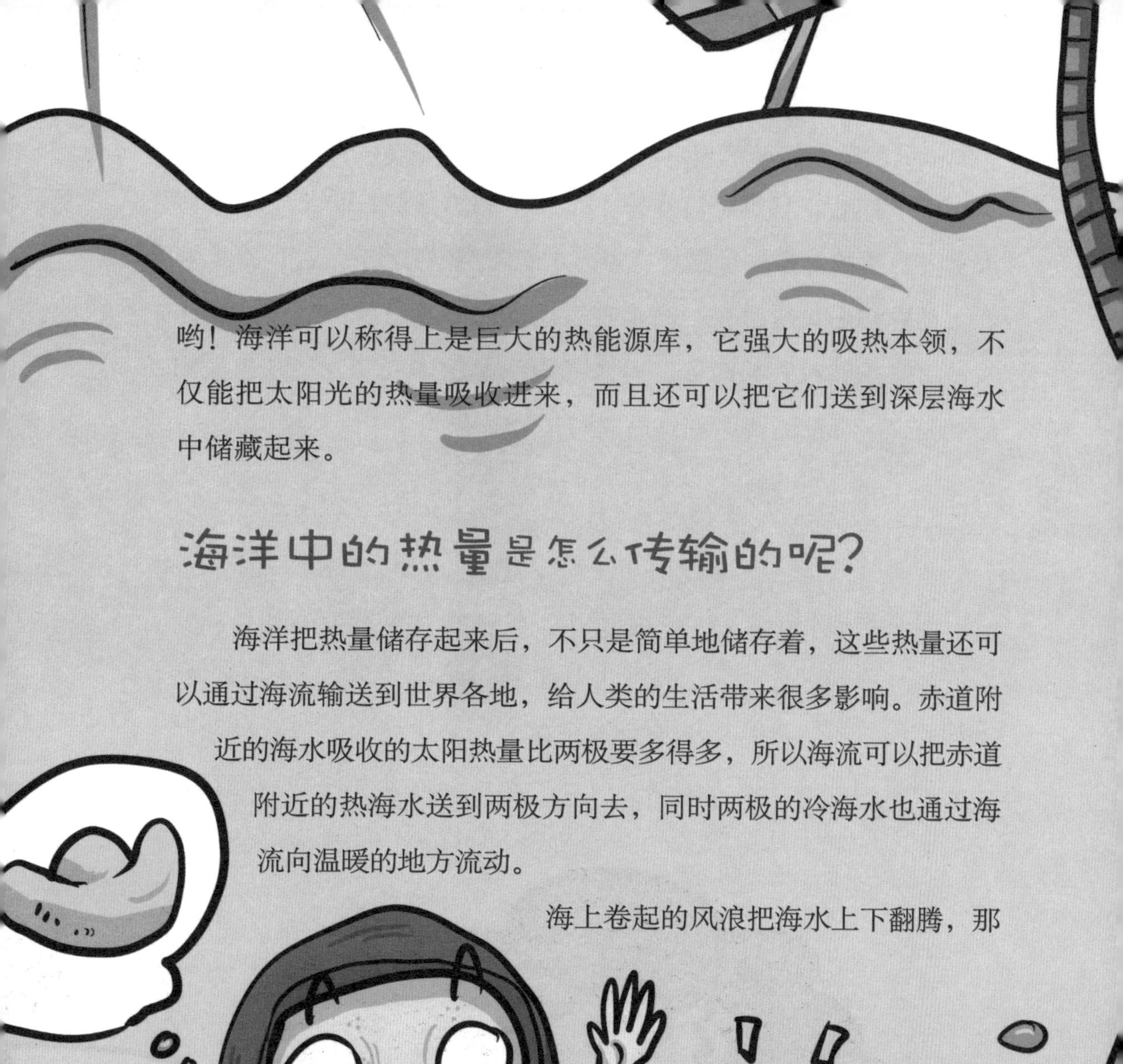

哟！海洋可以称得上是巨大的热能源库，它强大的吸热本领，不仅能把太阳光的热量吸收进来，而且还可以把它们送到深层海水中储藏起来。

## 海洋中的热量是怎么传输的呢？

海洋把热量储存起来后，不只是简单地储存着，这些热量还可以通过海流输送到世界各地，给人类的生活带来很多影响。赤道附近的海水吸收的太阳热量比两极要多得多，所以海流可以把赤道附近的热海水送到两极方向去，同时两极的冷海水也通过海流向温暖的地方流动。

海上卷起的风浪把海水上下翻腾，那

么上下层海水的热量就可以互相交换，所以不要认为海浪只会给船只带来坏处，它也是海洋中不可缺少的力量呢！你知道吗？海浪上下翻腾的能量传递速度比热传导还要快千万倍。

夏季和白天的时候，海浪把表层的热海水送到深层去储存起来；等冬季和夜晚的时候，海水的表面温度降低了，得到的太阳热能变少，深层的海水在这时就可以发挥作用了。

## 海水为什么不容易结冰？

海水结冰和淡水结冰的条件不一样。住在海边的人都有这样的体会：每当初冬冷空气来临时，陆地浅水池塘很快冻结成一层薄冰，海洋却一点儿结冰的迹象都没有；到了深冬时节，江河封冻，而海面却照样波涛汹涌，海浪起伏。只有在寒潮频频爆发、空气长时间处于低温的情况下，海水才会出现结冰现象。这究竟是为什么呢？

小朋友可以拿一杯淡水和一杯盐水在冰箱里做个实验，你发现什么了呢？淡水很快结冰了，可是盐水结冰速度很慢，甚至不结冰，这说明了淡水和盐水的冰点不同，也就是使它们结冰的温度不同，一般淡水的冰点是0℃，但是盐水却比这个温度低很多。

海水中含盐度很高，大约在34.5‰，这种盐度下海水的冰点大约是－2℃。大海中上下层海水的密度不一样，所以即使达到－2℃，在海水对流强烈的情况下，也大大妨碍了海水的结冰。此外，海洋受洋流、波浪、风暴和潮汐的影响很大，在温度不是足够低的情况下，冰晶是很难形成的。

海洋难以封冻对我们人类很有好处，这易于生物的发展，可以使船只在冬天继续航行。此外，世界的湿润气候也得益于此。

现在常年存在海冰的地方是南极和北极。在北极，即使在夏天，海冰的面积也有大洋洲那么大。

**猜猜看**

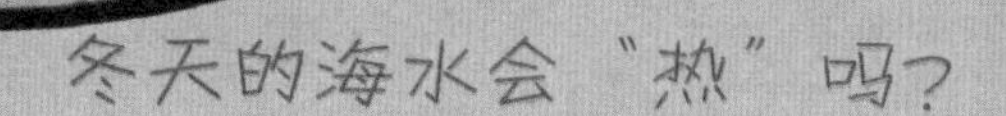


小朋友如果冬天到海边去，会感觉海边的沙石比海水要凉，那是因为沙石和海水都吸收相同的热量时，海水能把温度储存下来，而沙石吸热快，散热也较快，所以冬天沙石的温度比海水低。

但是这个温度是相对的，海水的温度也是随着外界温度的变化而变化的，而且不要看海水没有结冰，它的温度也许也在0℃以下呢！

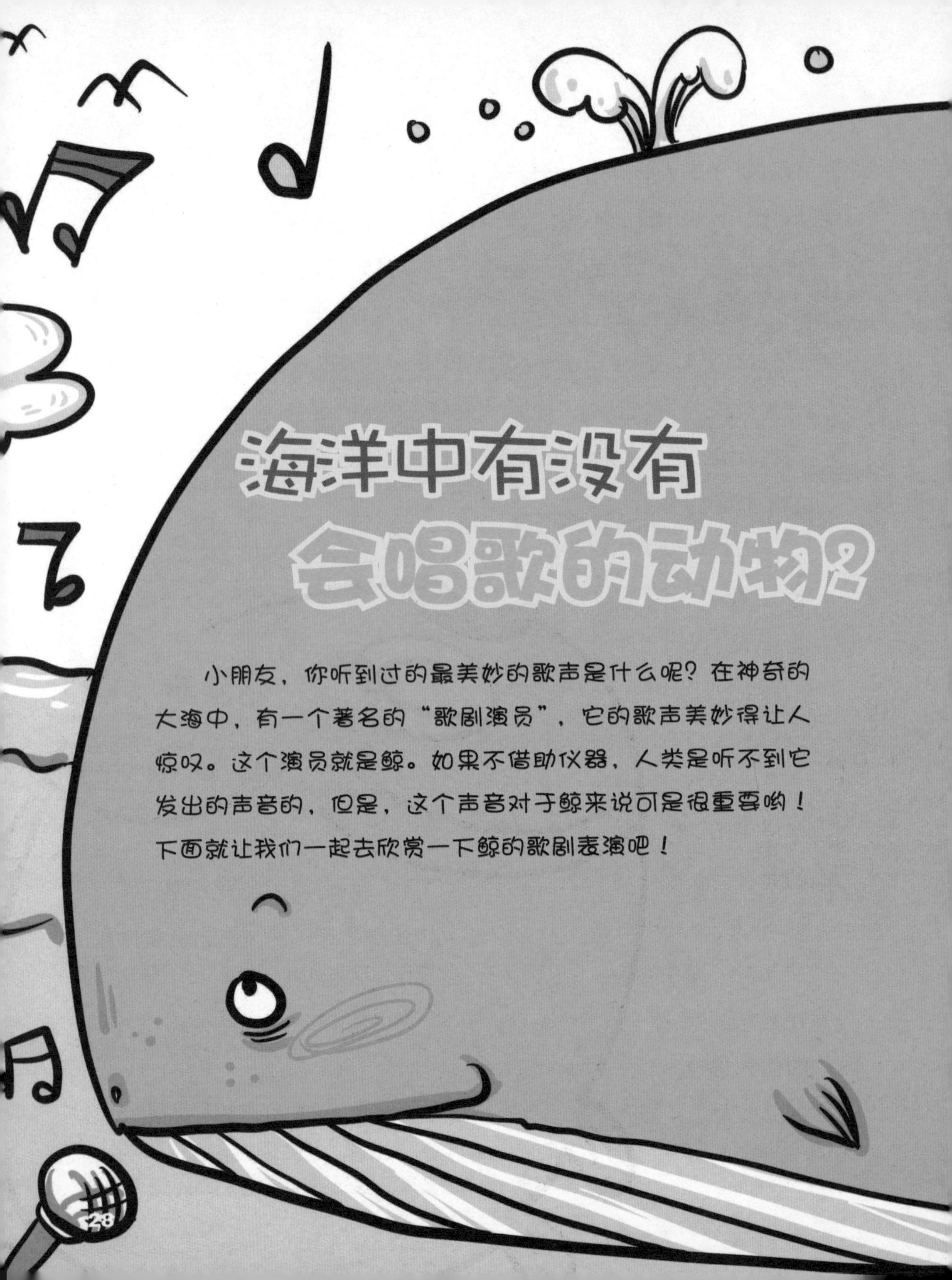

# 海洋中有没有会唱歌的动物?

小朋友，你听到过的最美妙的歌声是什么呢？在神奇的大海中，有一个著名的“歌剧演员”，它的歌声美妙得让人惊叹。这个演员就是鲸。如果不借助仪器，人类是听不到它发出的声音的，但是，这个声音对于鲸来说可是很重要哟！下面就让我们一起去欣赏一下鲸的歌剧表演吧！

## 鲸群中神奇的流行歌曲

鲸虽然是海洋中著名的“歌剧演员”，但是它可不是什么时候都会表演的，只有在每年为了生宝宝而迁徙的时候才会唱起小调，而且在不同的地点、不同的场合唱的歌也不相同。更神奇的是，它们每年都会换一首新曲子。

新曲子不是突然唱起来的，而是在旧曲子出现次数越来越少的情况下，新曲子才会渐渐流行起来。而且新谱的曲子，虽然没有老师去教，但是不论什么地方的鲸都会跟着唱，即使两处水域相隔遥远，也不例外。哪怕是新加了一个章节或者一个句子，世界各地的鲸也会迅速知道，立刻改过来。

## 鲸唱的歌都一模一样吗？

小朋友一定会觉得很神奇吧？我们人类科技这么发达，都不可能做到全世界的人迅速地学会一首歌，怎么鲸就能做到呢？

呵呵，其实鲸的歌声相同，只是歌曲的结构和变调的规律相似，并不是唱词都一样哟！就像不同的国家唱同一首歌用不同的语言一样。

## 鲸为什么要唱歌？

人们利用仪器获取了蓝鲸、驼背鲸、长须鲸和小须鲸等不同

种类鲸的大量歌唱资料。分析后发现，鲸和蝙蝠很相似。蝙蝠的视力很差，特别是到了晚上更是什么也看不见，可是它的嘴巴能发出超声波，声波碰到物体被反弹回来，蝙蝠就通过这种方法来判断自己的行进方向。

鲸唱歌也是这个原因，它们通过各种不同的歌声，来辨识海底中如海山一类的地形位置，从而帮助自己安全地遨游。

声音在空气中的传播速度约为340米/秒，但是在水中的平均传播速度约为1450米/秒，比在空气中的传播速度快约4倍。所以，鲸歌唱声的传播速度，要比陆地上人类说话声的传播速度快得多，因此，鲸的回应速度比人类要快很多。

## 鲸的歌声还可以多方通话

鲸是到目前为止发现的第一种用低频进行联系的鱼类，我们听说过的大部分鱼类都不能说话，但是鲸却是能够发声的。

鲸的语言是一种低频信号，对于水中其他生物来说，是根本听不见的，即使我们人类，也只能借助工具才能听到。这些低频信号只有鲸才能听到，完全是单线联系啊！

因此，这些信号发出去后，才不会遇到干扰，这样可以很好地把信号传给自己的同伴，根本不用担心因为发出声音而暴露自己的位置，引来捕食者的捕杀。

## 谁让鲸迷惑了？

近年来，人们总是打着为人类造福的旗号过度地增加海上活动。人类在海洋活动中所发出的声音，虽然自身感觉不到什么，但是对于对声音极其敏感的鲸来说，可是最大的危机，这些不时发出的强烈声音会严重干扰鲸的正常生活。

鲸鱼的生活地点是固定的，虽然每年都会迁徙，但每年都会回到居住的地方。因此许多鲸都有自己熟悉的领地，它们知道这片海域的地貌、海岸线的长度及迁徙的路线。现在鲸所熟悉的地方都被人类占去了，鲸再次发出寻找同伴的声音也被人类的噪声所干扰，其他的鲸无法接到信号，即使收到也无法辨识声音的真伪。

## 撞向海滩自杀的鲸

近年来，鲸搁浅自杀的情况越来越多，人们一直找不到确切的原因。

有人说鲸得了“自闭症”，如果是这样的话，也应该是因为与其他的鲸对不上话而造成的吧！还有人对搁浅自杀的鲸做了检查，最后发现，死去的鲸鱼的耳朵均受到了噪声的严重伤害，它们的脑部及耳骨周围也都出现了血迹。

科学家称，海洋哺乳动物十分脆弱。人类的海上军舰声和回声控测仪所发出的声波及水下爆炸的噪声，使它们惊慌失措，鲸鱼的回声定位系统发生紊乱，失去了方向感，甚至到了浅滩也无法判断，只能可怜地一头撞上去，永不返回大海。

# 凶猛的鲨鱼为什么会“见义勇为”？

海中最残忍、最凶猛的角色是谁呢？相信很多人都会把目光转向有着长长嘴巴、尖尖牙齿的鲨鱼。如果在海上航行，哪怕只是看到鲨鱼的背鳍（qí），人们都会浑身发麻。因此，人们把它称为“海中狼”。不过，“海中狼”也有见义勇为的时候呢！鲨鱼救人你听说过吗？呵呵，鲨鱼为什么要救人呢？让我们一起去看一看这些令人感动的故事吧！

# 罗莎琳的两条鲨鱼保镖

那是1986年的一天，美国佛罗里达州立大学教育系学生罗莎琳与同学一起到南太平洋斐济群岛旅游观光。

船刚行驶了半个小时，突然船舱进水，眼见就要沉没了。罗莎琳与同学迅速爬上了一条救生艇，但小艇在海上漂了三个小时都没有人救援。

当大家都绝望时，突然远方出现了一片陆地，心急的罗莎琳跳入海中朝着岸边游去。游起来才知道到陆地远没有想象中的那么近，可罗莎琳的体力已经透支，只能靠着救生衣漂在海上。

忽然，一条大鲨鱼气势汹汹地冲她游过来，罗莎琳所有的希望一下子变成了海上的泡沫。鲨鱼咧着大嘴向着罗莎琳狠狠地撞

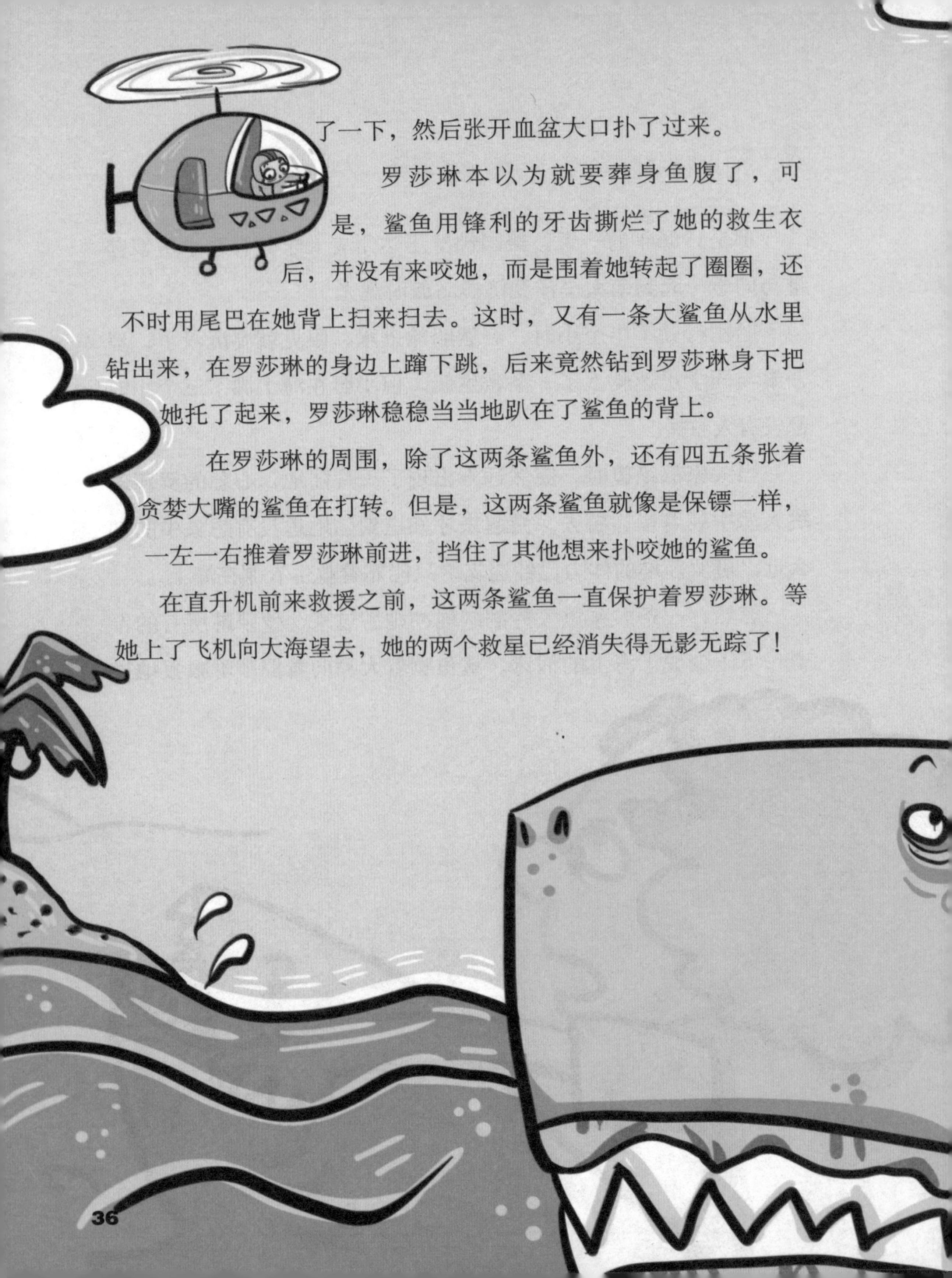

了一下，然后张开血盆大口扑了过来。

罗莎琳本以为就要葬身鱼腹了，可是，鲨鱼用锋利的牙齿撕烂了她的救生衣后，并没有来咬她，而是围着她转起了圈圈，还不时用尾巴在她背上扫来扫去。这时，又有一条大鲨鱼从水里钻出来，在罗莎琳的身边上蹿下跳，后来竟然钻到罗莎琳身下把她托了起来，罗莎琳稳稳当当地趴在了鲨鱼的背上。

在罗莎琳的周围，除了这两条鲨鱼外，还有四五条张着贪婪大嘴的鲨鱼在打转。但是，这两条鲨鱼就像是保镖一样，一左一右推着罗莎琳前进，挡住了其他想来扑咬她的鲨鱼。

在直升机前来救援之前，这两条鲨鱼一直保护着罗莎琳。等她上了飞机向大海望去，她的两个救星已经消失得无影无踪了！

## 鲨鱼本来就不喜欢吃人

被人们称为“海中狼”的鲨鱼怎么发了慈悲要救人呢？这个问题像谜一样困扰着很多人。虽然我们并没有弄清楚它们为什么救人，不过，鲨鱼的食谱中本来就没有“人”这种食品哟！

鲨鱼是典型的食肉动物，不过它们很挑食，最喜欢一些高脂肪、肌肉发达的动物，比如海洋中的鱼类、海龟、鲸、海狮和海豹等。人类对它们来说，可没有那么高的营养价值，也不是什么美味佳肴，所以，它们的食谱中根本就没有“人肉”这道菜。

## 鲨鱼为什么会吃人？

大家一定会想了，既然人没营养，它们也不喜欢吃，可是为什么还会出现那么多的鲨鱼杀人事件呢？这就要说说它们的本性啦！

鲨鱼是海洋中的捕猎能手，它们看到猎物后绝对不能放过。可是，它们并没有那么好的头脑去区分人和动物。而且，人在滑板上，或潜水时，与海中生物很像，它们见到后，就以为是猎物来啦。于是，它们才会冲过来，一口咬住。但它们并不傻，尝尝不对味就会松开嘴了。当然，如果人类反击的话，它们就会把人类当成敌人来攻击。

## 鲨鱼最厉害的武器是什么？

人们怕鲨鱼，主要是怕它那最厉害的武器——牙齿。

鲨鱼不像大部分海洋动物一样只有一排牙齿，而是有五排，不过，五排牙齿中只有最外面的一排起作用，其他四排就像打球的候补队员一样，是“候补”牙齿，只有当外层牙齿脱落后，后排的牙齿才会向前移动，补充外排的空缺。

因为鲨鱼经常吃肉食，所以牙齿磨损很快，牙齿要是都磨坏了，它还怎么撕咬肉啊？原来，当牙齿被磨成不锋利的小牙齿后，就会很快长出大牙齿来取代小牙齿。你知道吗，鲨鱼的一生要换几万次牙齿呢！真是不可思议哦！

# 五颜六色的大海好漂亮

大千世界有各种各样的颜色，大地是黄色的，小草是绿色的，如果在蜡笔盒中挑选画笔画大海时，小朋友们一定会拿出蓝色的那一支吧？我们是怎么辨识颜色的？为什么大海通常是蓝色的呢？有没有其他颜色的海呢？下面就让我们取一杯海水，去研究一下吧！

## 我们怎样看到物体的颜色？

小朋友，你知道太阳光是什么颜色吗？你一定会说，太阳光怎么会有颜色呀！呵呵，告诉你哦，太阳光并不是没有颜色，而是由红、橙、黄、绿、蓝、靛、紫七种颜色组成的呢！雨后我们看到七彩彩虹就是一个很好的证明。

我们能看到的物体颜色，实际上就是太阳光的颜色。太阳光中的七种颜色有着不同的波长，当太阳光照到红色物体时，说明太阳光中的红色光反射到了我们的眼睛中，才让我们看到了红色的物体。

## 海水为什么是蓝色的呢？

同样的道理，太阳光照射进大海时，各种光线被海水吸收、反射和散射的程度不同，红光、橙光和黄光的光波较长，穿透力也比较强，所以水分子更容易把它们吸收，随着海水深度的增加，这些光就会完全被海水吸收掉啦！

而蓝光、紫光和一部分绿光的波长比较短，穿透力较弱。所以当这部分光射进海水中后，海水分子或其他的微粒把它们阻拦在外面，反射到我们的眼睛中。不过，人的眼睛对紫色的光不敏感，所以我们只能看到蓝色与绿色混和的光，这两种光混合在一起反射到眼睛中就是蔚蓝色，所以我们才看到了蓝蓝的大海。

## 为什么不同深度的海水颜色不同呢？

不过，大家可不要以为海水是像墨水一样的哟！海水本身也

是透明的，只有在大海中时，海水才会呈现出蓝色。而且，随着海洋深度的增加，海水看起来会更蓝。

不同深浅的海水对太阳光线的吸收及散射程度不同。当海水较深时，由于散射作用，水会显出浅蓝绿色，水中溶有空气越多越偏绿色；水越深绿色光就会越少，这时我们看到的海水就成了深蓝色甚至是黑色。

## 红海为什么是红色的？

在亚洲和非洲之间有一片海洋，人们管它叫红海。那是因为，远远望去，海水表面闪着红色的光芒。为什么海水会变成红色的呢？

经过考证，红海的红色是由一种海藻造成的。这种海藻叫“蓝绿藻”，它喜欢高温的环境，生长与繁殖的速度极快，有可能一夜之间就铺满一片海域。红海是世界上温度最高的海，非常适合蓝绿藻的繁殖。死后的蓝绿藻会变成红褐色，大量的海藻死去漂浮在水

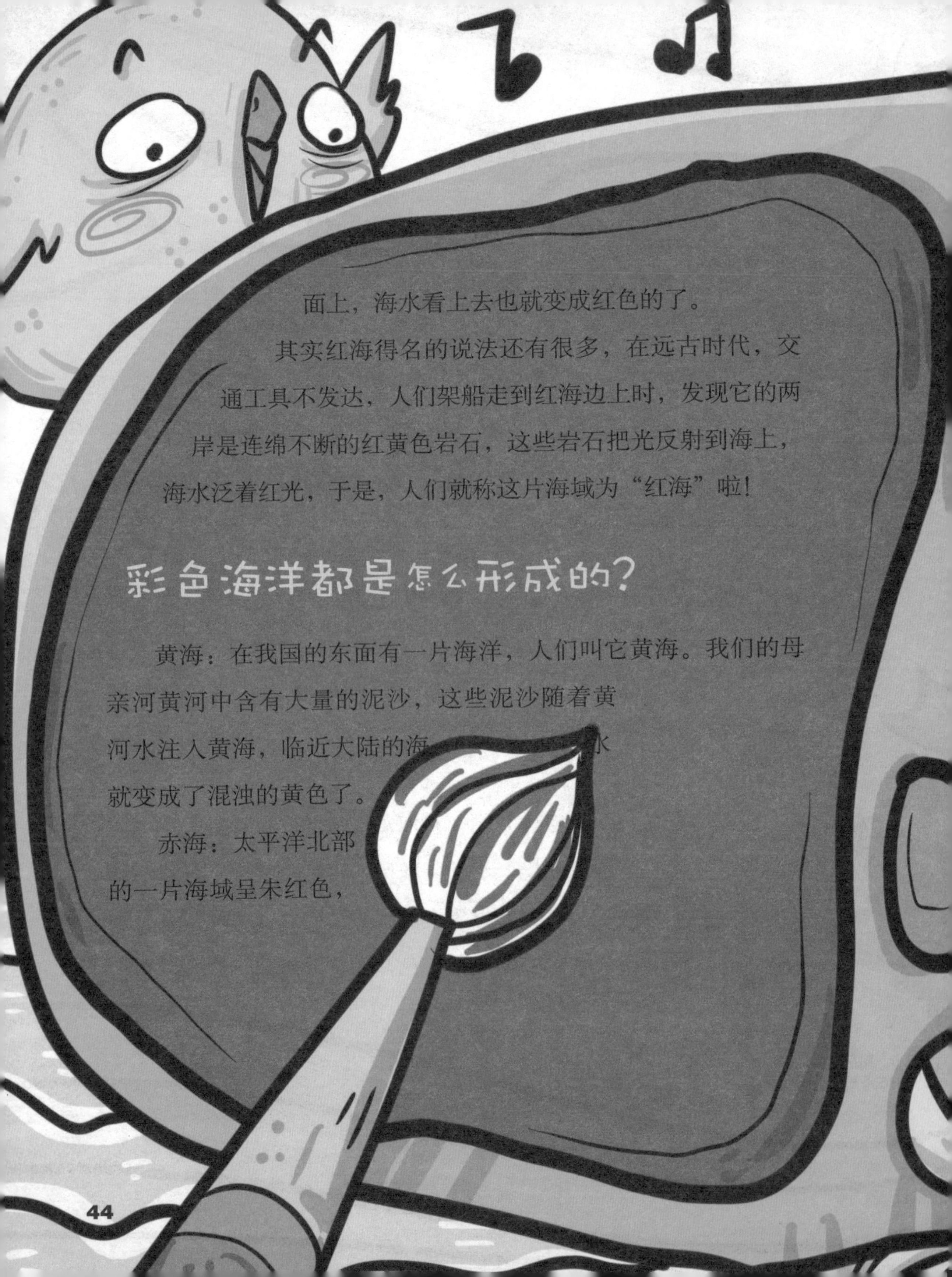

面上，海水看上去也就变成红色的了。

其实红海得名的说法还有很多，在远古时代，交通工具不发达，人们架船走到红海边上时，发现它的两岸是连绵不断的红黄色岩石，这些岩石把光反射到海上，海水泛着红光，于是，人们就称这片海域为“红海”啦！

## 彩色海洋都是怎么形成的？

黄海：在我国的东面有一片海洋，人们叫它黄海。我们的母亲河黄河中含有大量的泥沙，这些泥沙随着黄河水注入黄海，临近大陆的海……水就变成了混浊的黄色了。

赤海：太平洋北部的一片海域呈朱红色，

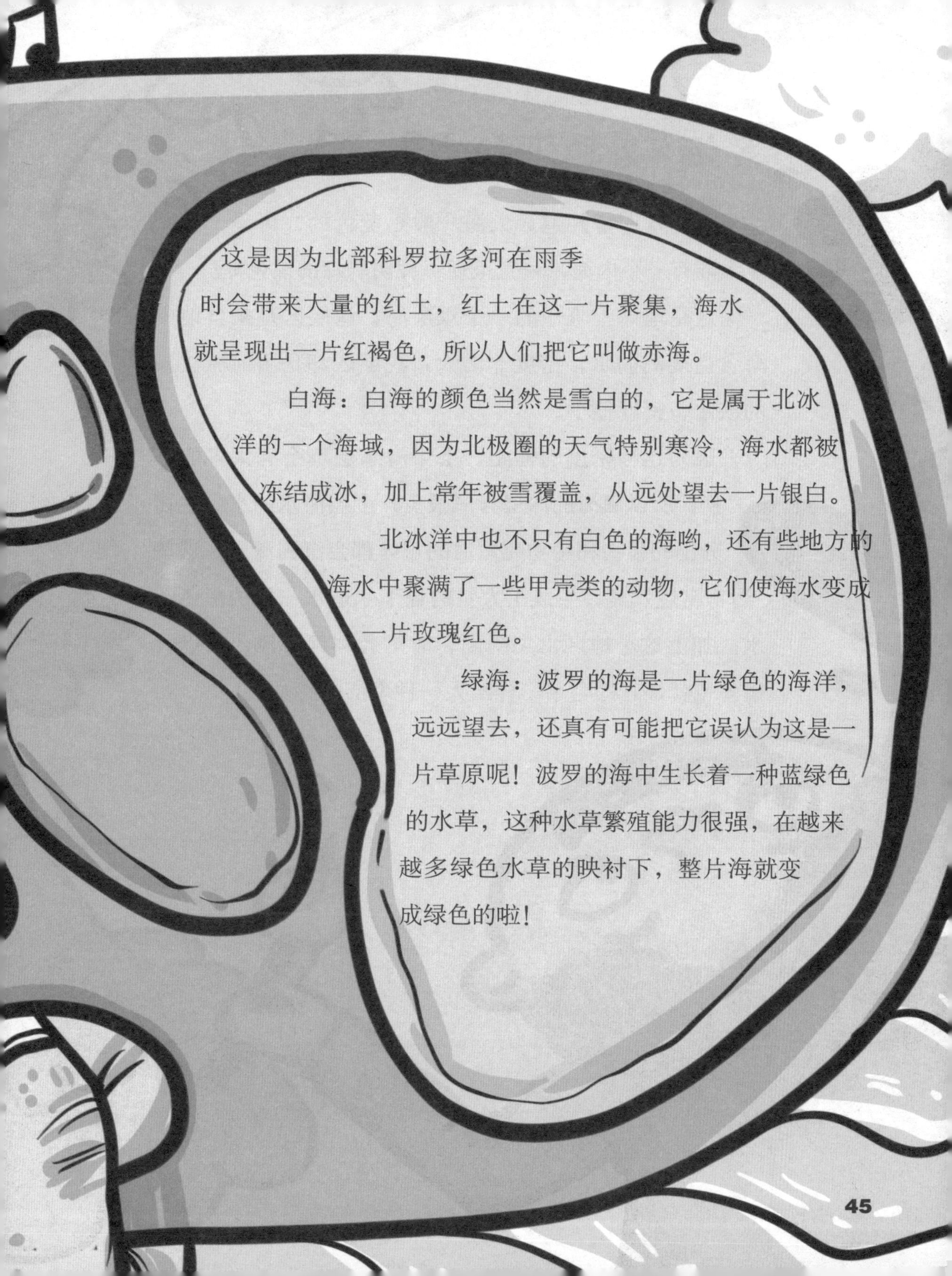

这是因为北部科罗拉多河在雨季时会带来大量的红土，红土在这一片聚集，海水就呈现出一片红褐色，所以人们把它叫做赤海。

白海：白海的颜色当然是雪白的，它是属于北冰洋的一个海域，因为北极圈的天气特别寒冷，海水都被冻结成冰，加上常年被雪覆盖，从远处望去一片银白。

北冰洋中也不只有白色的海哟，还有些地方的海水中聚满了一些甲壳类的动物，它们使海水变成一片玫瑰红色。

绿海：波罗的海是一片绿色的海洋，远远望去，还真有可能把它误认为这是一片草原呢！波罗的海中生长着一种蓝绿色的水草，这种水草繁殖能力很强，在越来越多绿色水草的映衬下，整片海就变成绿色的啦！

# 黑海怎么越来越黑？

小朋友们都知道，大海一般是蓝色的，可是，在欧亚大陆有一个内海，一直呈现一种阴森森的黑色呢！

这是地球上唯一的一个双层海，深层区是来自地中海含盐度高的水，密度非常大；浅层区却是由河流注入的淡水，密度很小。

因为这种密度的差距，上下海水层不会有太多的交换，所以黑海的深层含氧很少，上层海水的水中生物分泌的秽物和生物死亡后的尸体都会沉到深层，这些污物腐烂发臭，生成了大量的像下水道水一样的黑色污水。加上这个地区常年阴雨，时常会刮起暴风，所以，黑海也就像它的名字一样给人一种恐怖的感觉啦！

## 为什么海边沙滩是金色的？

沙滩上的细沙大部分是河流搬运来的沉积物、河流沿岸侵蚀来的物质和来自海底的泥沙，主要成分是石英、长石和方解石。长石和方解石的硬度低，很容易发生化学分解，但石英的硬度比较高，所以经过海水的溶蚀、分解后，沙滩沉积物中留下的绝大部分都是不易分解的石英砂。

我们看到的沙滩的颜色基本就是石英砂的颜色。石英砂大部分都是乳白色或淡黄色的，黄白掺杂在一起，一眼望去沙滩就是金色的啦！

# 海龟流泪了，它是不是有伤心事呀？

人在伤心、高兴的时候都会热泪盈眶，不管是什么样的心情，只要触到敏感的神经，一激动就会流下泪来，也可以说，眼泪就是人们心情的发泄。那么，除了人之外，其他的动物也会流

泪吗？回答是肯定的。鳄鱼在开饭之前总会掉下眼泪的事情，小朋友们都知道，可是，你见过海龟的眼泪吗？为什么百岁的海龟会掉眼泪呢？它有什么伤心事吗？

## 海龟是一种濒危动物

现在生活在世界上的已经发现的海龟有7种，它们是棱皮龟、蠵（xī）龟、玳瑁、橄榄绿鳞龟、绿海龟、丽龟和平背海龟。这7种龟现今都被列为濒危动物。

海龟比人类出现得还要早，它们在地球上生活了近2亿年。可以说是祖先级的物种啦！

目前最小的是橄榄绿鳞龟，有70多厘米长，重约40千克。最大型的海龟是棱皮龟，它大约有2米长，最重能达到1吨左右。棱皮龟有一层很厚的油质皮肤，呈现出5条纵棱。但不同的是，同样身为龟的它却没有龟壳。

海龟最独特的地方就是龟壳，它可以保护自己不受侵犯，让自己在海底自由游动。不过与陆地上的龟不一样，它们不能把头和四肢缩进壳里。

## 海龟流泪了

2008年，南京海底世界为了治疗一只300岁的蠵龟，对它进行了手术，结果海龟却流下了泪水与大家告别。

这只大海龟的舌头上长了一个恶性肿瘤，足有鸡蛋那么大，只能依靠手术来切除。可是手术并没有想象中那么顺利，麻醉了五次才取出了肿瘤。

在场的人们为手术的成功松了一口气，可谁知半小时后，大海龟的气息突然变得非常弱，原本像拉风箱一样的“呼呼”的声音变得越来越微弱……医生们再次紧张起来，迅速给它戴上了人工呼吸机，拼命地踩呀踩，一心想挽回它的生命。但是结果令人失望，1小时后，大海龟慢慢闭上了眼睛，离开了这个世界。

令人不解的是，大海龟从手术开始到停止呼吸，一直不停地流泪。特别是当坚硬的钢刀插进它的舌头时，它的眼泪“哗”地就涌

了出来，让人心疼不已。在离开人世的瞬间，它好像在排空身体内所有的水分，不停地流泪，当最后一滴泪水落下的一刹那，在场所有人都失声痛哭。

## 海龟是因为伤心而流泪的吗？

大海龟与人类挥泪告别的场面，人们还是第一次见到，它像一位无助的病人一样，只能用泪水与这个世界告别。但是海龟流泪却并不罕见，那些去沙滩产蛋的准妈妈们，在生蛋的时候，也都是眼泪汪汪的呢。

而且不只是海龟哟，海洋中的其他动物也有流泪的现象。它们流泪并不像人类一样是因为感情的变化，对于它们而言，流眼泪只是一种正常的生理反应。

## 眼泪是用来排盐的

科学家研究发现，海龟等海洋动物的眼窝后面有一个小器

官，这就是人们所说的“盐腺”。它就像我们眼睛中的泪腺一样，把大量吞进体内的高含盐量海水的盐分通过眼泪的方式排出体外。

海龟生活在大海中，它们吃的海藻、喝的海水里都含有大量的盐分，而且这些盐分的浓度要比它们体内所含盐分的浓度高很多。为了健康成长，它们就必须把多余的盐分排出体外，要不然海龟就成一盘咸菜了！

## 还有什么动物会流泪呢？

人类流眼泪主要分为两种情况，一种是因为心情，悲痛的时候、激动的时候都会掉下眼泪；另一种情况就是风很大，或者沙子吹进眼睛导致眼睛发干时，眼泪就会出来做润滑液，目的是保护我们的眼睛不受风沙伤害。

海龟流泪是一种排盐反应，那么大千世界中，还有没有其他会流泪的动物呢？

这个当然是有的哦！像海龟一样需要排盐而流泪的还有鳄鱼，每次用餐前，表面看起来像是在祷告的鳄鱼，也会流出那假惺惺的眼泪。

不过，如果说动物没有丝毫感情的话，那生活中还有一种现象却又得不到解释。屠宰牛、羊的时候，它们的眼睛中会涌出很多泪水，样子很可怜，看起来，它们好像知道自己就要离开这个世界了一样；小狗在受到委屈、难过的时候，也会流出眼泪来……

除了它们以外，鸟类、哺乳类的很多小动物都会掉眼泪，如果不是因为动情而流泪的话，那又是什么原因呢？

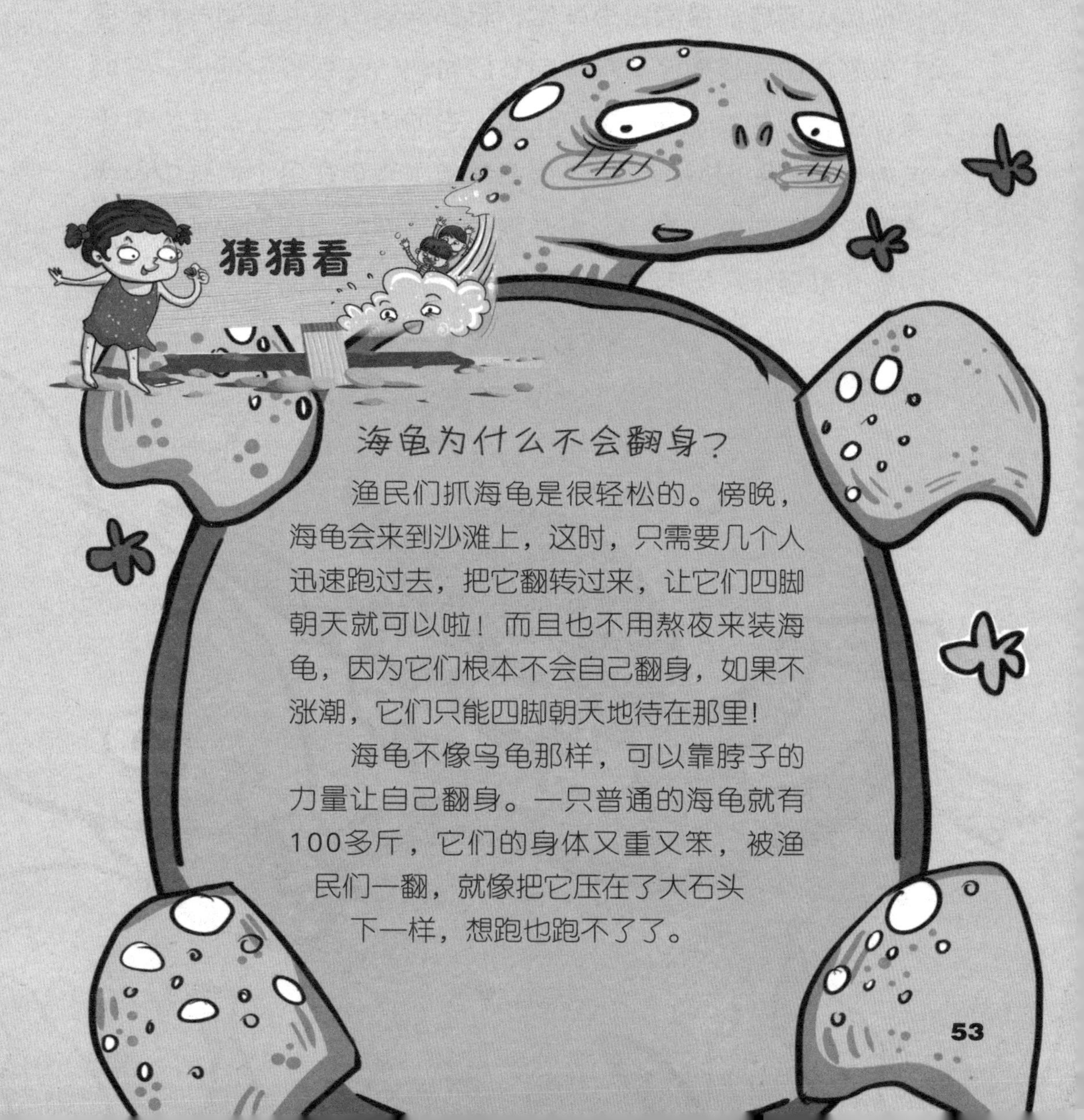


### 海龟为什么不会翻身？

渔民们抓海龟是很轻松的。傍晚，海龟会来到沙滩上，这时，只需要几个人迅速跑过去，把它翻转过来，让它们四脚朝天就可以啦！而且也不用熬夜来装海龟，因为它们根本不会自己翻身，如果不涨潮，它们只能四脚朝天地待在那里！

海龟不像乌龟那样，可以靠脖子的力量让自己翻身。一只普通的海龟就有100多斤，它们的身体又重又笨，被渔民们一翻，就像把它压在了大石头下一样，想跑也跑不了了。

# 海豚的智商比人类的智商更高吗？

相信小朋友们每次去海洋馆，看到听话的海豚在驯养师的指挥下跳来跳去，表演这样那样的节目时，一定会惊叹不已。它们在海洋中属于鲸类，你一定会认为，它们体型这么小，在大海中一定很受气吧？呵呵，这你可就猜错啦！我们在各个大洋中都可以看到它们的身影，它们聪明伶俐、本领超群，科学家证明，海豚的智商甚至比人类的智商还要高呢！

# 海豚是天生的音乐家

海豚有很了不起的音乐天分。科学家为了测试它们的音乐细胞到底怎样，便在一艘航行在加拿大海岸和温哥华岛之间海湾里的船上举办了一场音乐盛会。

当整个船都沉浸在一片音乐的海洋中时，大家却并没有专心享受美妙的音乐，而是一直在企盼着另一群特殊听众的到来。过了一会儿，在甲板下果然探出许多小脑袋，海豚被音乐吸引来啦！它们一个个头朝上，笔直地立在水中，只把头和脖子伸出水面，一副很专注的样子。

船上的人立刻戴上与船下听音器连接在一起的耳机，耳机中传来一阵阵海豚的尖叫声和乱轰轰的喧嚣声。最后，海豚的尖叫声与甲板上的音乐声融合在一起，汇成一曲美妙的“交响乐”。就这样一直持续了几个小时，直到航船上的音乐停止，海豚才依依不舍地散去。

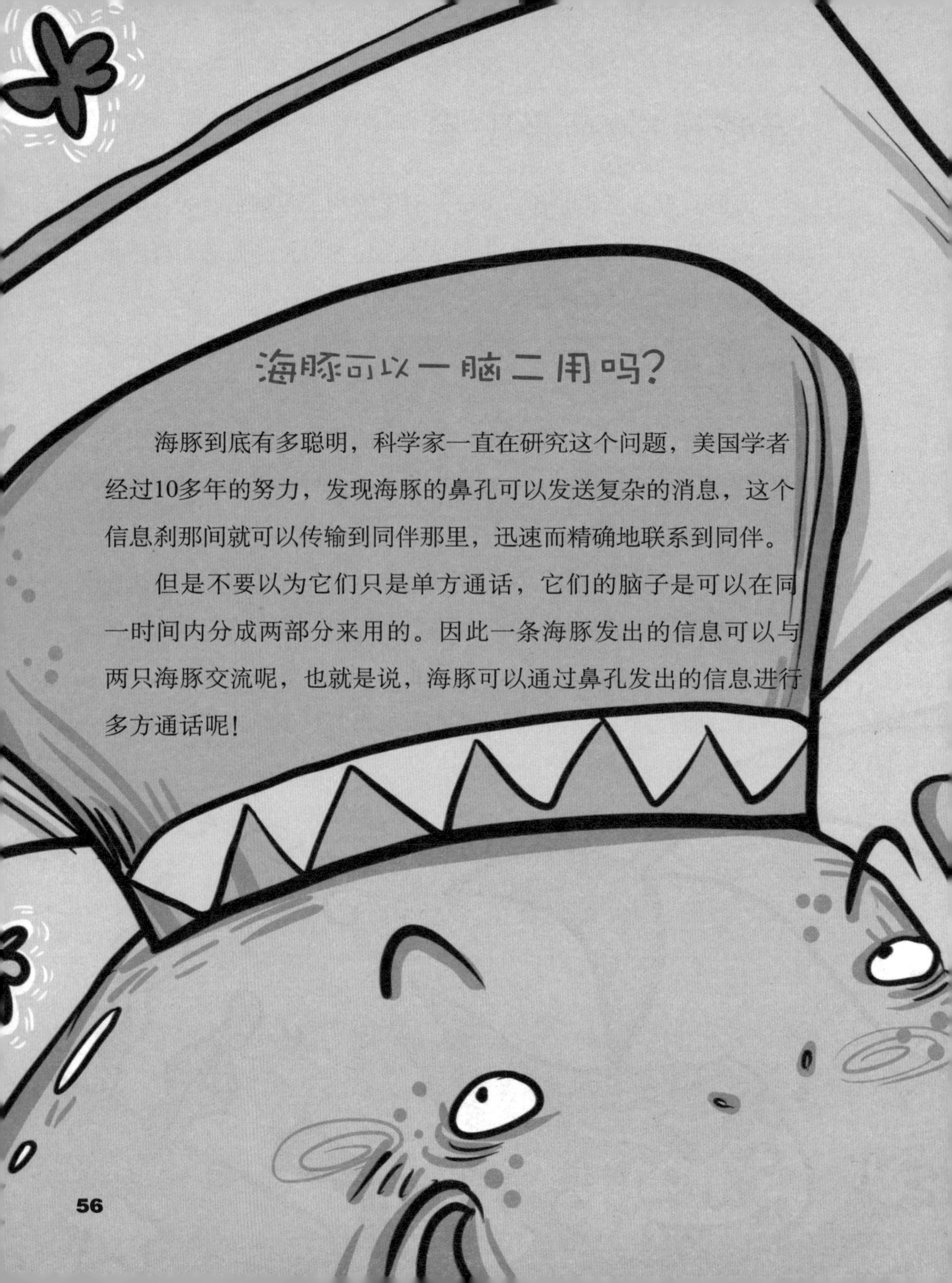

# 海豚可以一脑二用吗？

海豚到底有多聪明，科学家一直在研究这个问题，美国学者经过10多年的努力，发现海豚的鼻孔可以发送复杂的消息，这个信息刹那间就可以传输到同伴那里，迅速而精确地联系到同伴。

但是不要以为它们只是单方通话，它们的脑子是可以在同一时间内分成两部分来用的。因此一条海豚发出的信息可以与两只海豚交流呢，也就是说，海豚可以通过鼻孔发出的信息进行多方通话呢！

## 海豚的“语言”好难学啊

人类一直试图与动物对话，了解动物的语言，所以很多专家开始研究“海豚语”。

前苏联研究人员通过不断的试验，终于绘制了海豚语言分析图，总结了许多有关海豚“语言”的规律性。

通过分析图科学家发现，海豚之间的活动与人类有许多相似的地方，海豚们也常常“聊天”呢！为了更好地与海豚接触，科学家想尽各种办法来学习海豚的语言，但是至今都没有完全掌握。

虽然我们没学会海豚的语言，可是海豚却学会了我们的语言，它们学单词的能力很令人惊叹。如果教海豚几个单词，经过几个星期的反复练习，它们就会发出准确无误的声音，而且发音与人的发音也极为相同。

## 海豚学习太棒了

海豚不只是会学习几个单词，小朋友们在海洋馆中看到的表演，主要演员就是海豚呢！

它们一会儿顶球表演特技，一会儿与岸上的小朋友嬉戏，一会儿又成了回答问题的小学生……那憨态可掬的样子简直让人喜爱得不得了！

海豚的这些本领都是从人类学来的哦！相对于其他海洋动物，它们与人类的关系很好，很乐意与人类在一起玩儿，人类也因此教会了海豚很多本领。

## 怎样才能更好地了解海豚呢？

海豚和人一样都是哺乳动物，只是因为生活环境的不同，与人类接触也不是很多，所以人们并不能像了解狗狗一样去了解海豚的能力。那海豚到底有多聪明，还有多大潜力呢？人们一直在研究着，目前研究海豚智能的方法有两种。

第一，观察海豚的行为。人们之所以很了解狗狗，是因为狗狗和人类经常接触，那人们想要了解海豚，也要与它们经常在一起才行啊！要是进入到海豚的群体中，长期观察它们的生活习性和“常用语言”，那么对它们的了解不就能多一点了吗？

让海豚到我们生活的环境中来学习我们的语言，也可以让我们对海豚多一点了解。海洋馆中的海豚就是一个很好的例子。在训练师的训练下，海豚已经能够明白人的简单手势和语言，而且还学会了一些单词，只是到现在它们还没有达到与人交流的水平。

第二，解剖后的推测分析。把海豚解剖后，发现它的大脑非常发达，又大又重，大脑半球上全是深深的脑沟，神经的分布也是错综复杂。

由此可见，海豚大脑的记忆容量和信息处理的能力非常强，和灵长类的动物很相似，如果人能学习与海豚相似的表达和思维模式，就能掌握与海豚沟通的方法。

海豚在水中是通过“回音定位”的方法与同伴沟通的，它们发出的超声波能达到350千赫/秒以上，同伴听到后会迅速回应。所以，如果我们在水中听到了海豚的叫声，那可能是它们在聊天呢！但是目前，人们并不能了解海豚所发出声音的含义。

# 海洋是“海底人”的秘密基地吗？

海洋像一个大宝库，里面存在着无数的谜团。从古至今人们从没有间断过对大海的探索，一些人认为，陆地上有什么，海洋中应该也会有，甚至在海洋中存在着秘密基地，一些“海底人”就生活在那里。难道深不见底的大海中真的有人吗？有没有人见过“海底人”呢？下面就让我们一起去寻找答案吧！

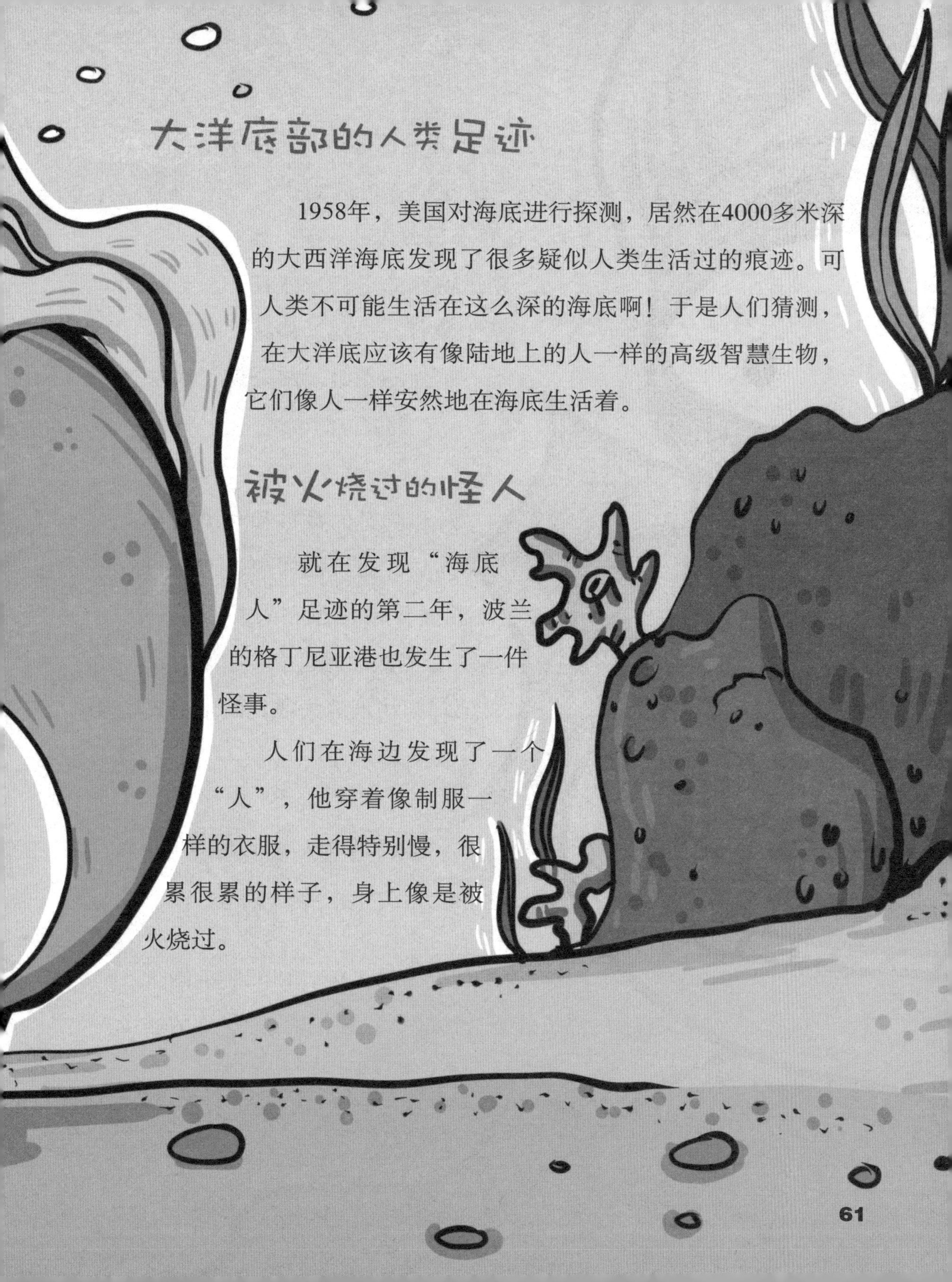

## 大洋底部的人类足迹

1958年，美国对海底进行探测，居然在4000多米深的大西洋海底发现了很多疑似人类生活过的痕迹。可人类不可能生活在这么深的海底啊！于是人们猜测，在大洋底应该有像陆地上的人一样的高级智慧生物，它们像人一样安然地在海底生活着。

## 被火烧过的怪人

就在发现“海底人”足迹的第二年，波兰的格丁尼亚港也发生了一件怪事。

人们在海边发现了一个“人”，他穿着像制服一样的衣服，走得特别慢，很累很累的样子，身上像是被火烧过。

人们把他送到医院后，医生发现根本没有办法给他检查。因为医生解不开他身上那像是金属做成的衣服，看起来必须动用特殊的工具才能打开。于是医生像打开机器一样，“解”开了他的衣服，却发现了更令人震惊的事情。

这个“人”的手指和脚趾的数目和人类完全不同，而且他的内脏器官和血液循环系统也和人类很不一样。正当医生想进一步了解时，他却神秘地消失啦，而且消失得无影无踪。

## “海底人”事件不断出现

在没有发现波兰怪人前，1902年英国货船上的船员曾经看到过一个像宇宙飞船一样的怪物，并且把它记录了下来。它直径近10米，长70米，好奇的船员想靠近研究时，它却一声不响地沉下水了。

1963年，美国在一次潜艇演习时发现了一个像鱼又像兽的怪物。奇怪的是它竟然带着“螺旋桨”，行进的速度足有每小时280千米，要知道，这个速度连人类海上行进器都很难达到呢！美国海军奋力往前追，追了四个多小时也没有追上，那个“怪物”最终很平静地从海上消失了。

五年后，美国的一位水下摄影师在海底发现了一个奇异的生物，它有像猴子一样的脸，细长的脖子，圆圆的像灯泡一样的眼睛。而且它的脚并不像人类的脚，上面好像有一个“推进器”，当摄影师想要靠近拍照时，它马上就溜啦！

## 海底人是人的亲兄弟

一件件的怪异事件不断发生，人们对海底人的存在越来越肯定。许多科学家认为，海底人应该是人类初进化时的一个分支，只不过人类选择了陆地生存，他们选择了海洋，他们跟现在的人类是“亲兄弟”的关系。

还有些人认为，人类一开始是生活在海中的，像我们必须要吃盐，一出生就会游泳，而且喜欢吃鱼……人类的这

些习惯和特征都和陆地上的其他哺乳动物不一样，所以海底人与我们本是同宗同祖。

俄罗斯的一位学者还指出，大海上出现的一些神秘闪光，也许就是海底人用现代化的科学设备向人类发出的信号。

## 外星人住在了海底

还有一些科学家认为，“海底人”的智慧和技术早已超过了现代人类，所以他们不可能是地球人，也不生活在海底。

他们应该是生活在外星上的智慧生命，只是暂住在没有人类的海底，用来观察人类的生活。但是这个说法比“海底人”的说法更让人觉得不可思议，所以并没有得到太多人的支持。

“海底人”究竟是什么生物？直到今天也没有一个确切的答案，但是随着人类的不断探索，真相总有一天会被揭开的。

## 你听说过百慕大的水晶屋吗？

1979年，由美国和法国科学家组成的联合考察组，在百慕大海域的海底发现了一个巨大的水下金字塔。这是座透明的圆顶形建筑，塔身有两个黑洞，海水高速从洞中穿过。从所拍的照片上看，这个水下金字塔比埃及金字塔还要巨大。

有人猜测，这可能是“海底人”建造的房屋或者工厂，但是并没有找到什么确切的证据，这座水下金字塔给百慕大又蒙上了一层神秘的面纱。

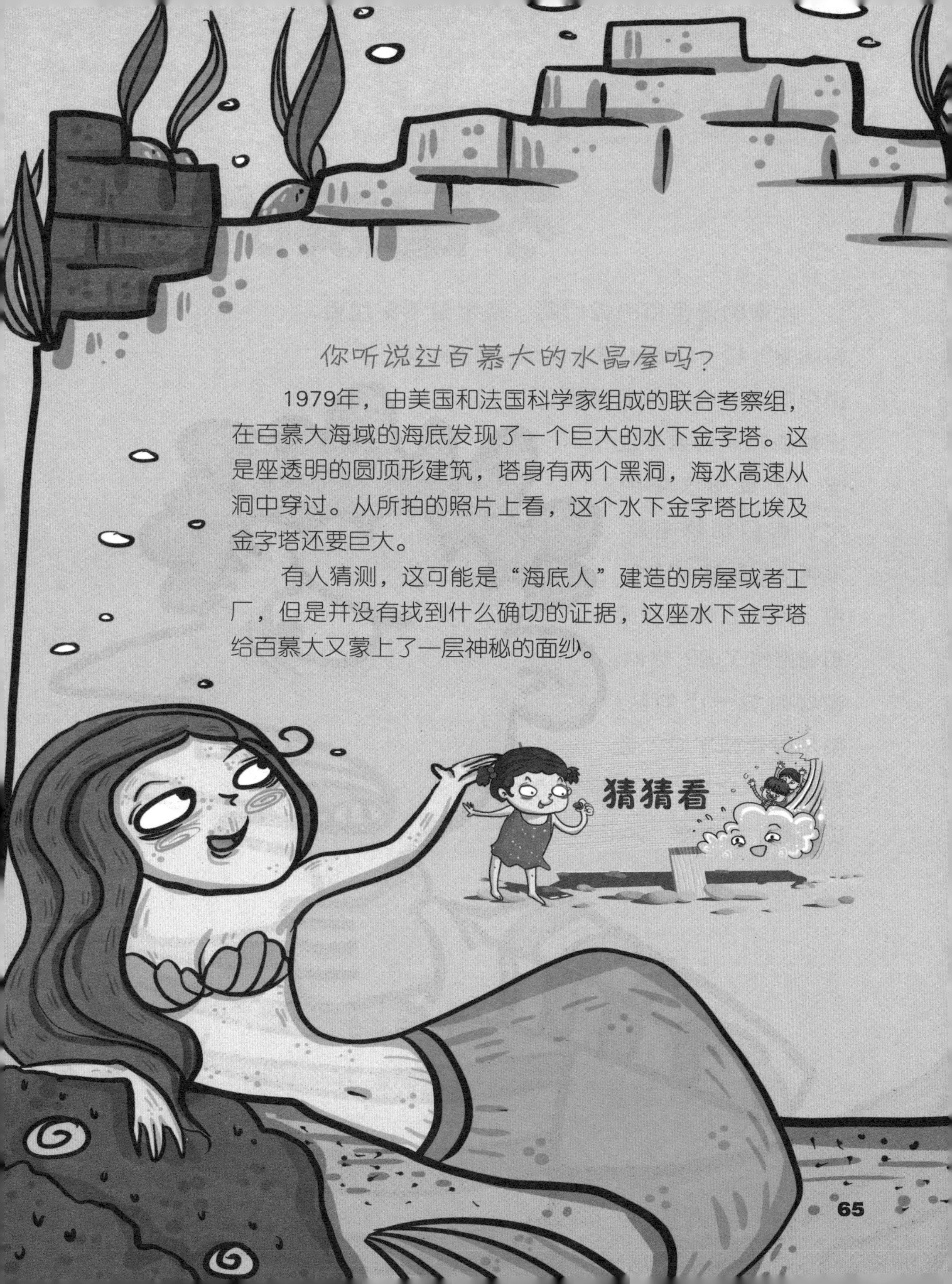

# 海里的鱼为什么不是咸的？

大海的蓝色真的很好看，海水是不是也很好喝呢？尝一口吧！哦！又咸又涩呀，简直没法喝，怪不得渔民每次出海的时候都会带足淡水呢，如果喝这样的水，那只能越喝越渴啦！但是海水这么咸，为什么海鱼却没有给泡咸了呢？我们做饭时放一小勺盐菜不就变咸了吗？很奇怪吧？让我们一起到大海边去看个究竟吧！

## 海盐是从海水中提炼出来的

小朋友们，你们知道我们吃的白白的海盐是哪儿来的吗？呵呵，通过名字你就可以猜出来啦，那些盐都是从海水中提炼出来的哟！

在海边有不少盐场，人们把海水引到盐田中，然后开始晒盐，让盐田中的海水蒸发，海水的浓度变大了，一些白花花的盐就会结晶出现在水中。最后，我们把这些结晶的海盐取出，再经过晾晒、提炼、加工，就成了我们见到的细细的精制食盐了。

## 为什么海水又苦又涩呢？

根据统计，一立方千米的海水中含有3000多万吨的盐类。但是可不要认为它们都是我们吃的盐哟，只有氯化钠才是食盐，在一立方千米的海水中大约含有2700万吨的食盐，其他还有氯化镁、碳酸镁等。

因为海水所含的氯化钠是咸的，而氯化镁是苦的，其他盐类也含有各种苦涩的滋味，所以海水才会喝起来又苦又咸又涩，住在海边的人也只能靠打井取地下的淡水来喝。

# 海水的盐是从哪儿来的?

大海的水是陆地上的江河汇集而成的，雨水落到地面上，向低处流去形成一道道的小溪流，然后汇集到江河中；有一部分雨水渗入地下，成为地下水，然后通过泉眼冒出来，也流进江河；最后，这两股水流汇成的江河水奔腾着流向大海。

无论是哪一部分的水，在流动的过程中，都会经过很多地区，遇到多种多样的岩石。地壳的岩石中含有各种盐分，水流经过时，盐分便溶解进了水中，因此某些江河湖中的水也会是咸的，这些略带咸味的水流经的地区越多，所溶的盐分也就越充分，最后带着满满的盐分流进了大海。

再加上海水不停地蒸发，海水中盐的浓度越来越高，海洋从最初形成到现在已经有几十亿年啦，所以海水才会那么的咸。

## 为什么海水没把鱼变咸呢？

海水中有很多生物，它们都非常适应海水的环境，那么是不是海鱼也是咸的呢？答案小朋友当然都知道，海鱼并没有变成咸鱼，这是为什么呢？

实际上，海水的浓度比鱼血液的浓度要高很多，所以盐水可以不断地通过皮肤渗入鱼体中，但是鱼类对于咸咸的海水，也有自己的应对方法哟。

海鱼都有很强的排盐能力。肾在生物体内是排泄体内废物及多余杂质的中转站，海鱼体内多余的盐分可以通过肾排出一小部分，但是只是一小部分哦！有些海洋动物的肾甚至没有任何功能，比如海龟。那剩下的一大部分盐分该怎么处理呢？

它们当然有自己的秘密武器，海鱼的鳃片就是专用的排盐器官，它们的鳃片中含有一种“泌氯细胞”。这些细胞就像一个淡化水的工厂一样，海水从鳃部进去时通过“泌氯细胞”的过滤，就已经被淡化成了淡水，这个“工厂”的效率可是相当高的呢！

当然，还有一些海洋生物的肾没多大功能，而且鳃中也没有“泌氯细胞”，就像海龟、鲨鱼等，它们靠的是血液中高密度的尿素，这些成分让它们的体液比海水的浓度还要大，所以它们可以用流泪、排尿等方式把多余的盐分排出体外。

## 海水能变成淡水吗?

大自然中的淡水资源特别有限，我们从海水中提取了盐分，那么能不能换一个思维，把水中的盐提出来让海水变成淡水呢？那样我们就可以喝海洋中的水了，多方便呀！

海水变淡水可是人类许多年的梦想，现在人们已经研究出几百种淡化水的方法，生产出来的水味道也是各式各样，但是从实用的角度来说都不是很理想。

蒸馏法：最早人们采用蒸馏法，就像晒盐一样，让水蒸发出来把盐留下，不同的是，用一个大罩子把盐池盖起来，水蒸汽蒸发时遇冷凝结，就会变成液态的淡水了。

冷冻法：把海水冻成冰块，在冷冻的时候，盐就被分离了出来。

但是这两种方法都不尽如人意，蒸馏法耗费大量的能源，冷冻法得到的淡水味道又不是很好。

## 新式反渗透法被广泛应用

1953年，出现了一种新的海水淡化方式——反渗透法。人们利用一种半透膜，这种膜只能让水通过但是不能让水中溶解的东西通过。于是，海水中的一些盐分就被滤出，而纯净的水通过了半透膜被保留下来。

反渗透是相对于渗透而提出的。由于海水含盐高，如果用半透膜将海水与淡水隔开，淡水会通过半透膜扩散到海水的一侧，这样海水另一侧的液面就升高了，上升到一定的高度便会产生压力，使淡水不再扩散过来，这就是渗透的过程。如果反过来做，对半透膜中的海水施以压力，使海水中的淡水渗透到半透膜外，而盐却被膜阻挡在海水中，就是反渗透的过程。人们靠这种反渗透的方法来得到淡水。

这种方法的能量消耗只是蒸馏法的四十分之一，而且产生的淡水味道也还算不错，所以被很多国家应用。

不过现在，人们在研究渗透法的时候，蒸馏法又再次被提出，改进成更好的利用方法。总之，不管用哪种方法，淡化海水都给人类带来了很大的便利，为许多淡水资源稀缺的国家提供了方便。

# 去大海里寻找“美人鱼”

小美人鱼的故事不知道感动了多少人，她是大海的女儿，为了变成人与王子生活在一起，宁可用她最宝贵、最美妙的声音与海妖交换，但是最后却伤心地变成了泡沫，回到了大海中。这是一个凄美的让人流泪的故事。大海中真的有美人鱼吗？如果有的话，她长什么样子呢？下面就让我们去寻找小美人鱼吧！

## 丹麦的美人鱼铜像

安徒生的童话《海的女儿》中讲述的小美人鱼的故事不知感动了多少人，人们根据他所描绘的小美人鱼的形象，在丹麦哥本哈根市中心东北部的长堤公园中，雕刻了一座世界闻名的小美人鱼铜像。

远远望去，她温婉地坐在一块巨大的花岗岩石上，害羞地半低着头。走近可以发现，她的下半身是一条长满鳞片的鱼尾巴，但是一点儿也不会让人觉得不舒服。她的神情还带些忧郁，却不让人忧愁，美丽娴静。

## 震惊世界的美人鱼墓

1990年，一队建筑工人在俄罗斯索契城外的黑海岸边附近发

现了一座放置宝物的坟墓，里面的宝物并没有给人带来多少震动，震惊世界的是坟墓中的生物。

它应该生活在距今3000年前，死的时候至少有100岁了。皮肤是黑色的，像一个公主一样安然地躺在墓中，令人惊讶的是，它的下半身竟是一条鱼尾巴，从头到尾巴有173厘米左右。

无独有偶，在南斯拉夫的海岸同样也发现了一条美人鱼化石，看样子应该是雌性的，科学家推测应该生活在1.2万年前。

它腰部以上与人类很相似，而且大脑容量也很大。不同的是，它的眼睛更像鱼，而且有锋利的牙齿，强壮的双鄂和利爪般的手，当然少不了的是它有一条像鱼一样的大尾巴。

## “小孩子”光临实验水槽

1962年，一艘载有科学家和军事专家的苏联探测舰，在古巴外海执行搜寻任务，他们利用水下摄影机巡回扫描海底。

突然，镜头前面出现了一个像潜水的孩子一样的“怪物”。它长得很像一条鱼，头部有腮，全身都是闪亮亮的鳞片，但是更像一个人，它游向摄影机，乌黑的小眼睛眨来眨去，好奇地望着摄影机。

探测船上所有的人都惊讶地看着荧光屏上出现的小眼睛，那眼神太像人类啦！于是，大家把一些海底小生物放进实验水槽中做诱饵，想把那个“小孩子”捉住研究。

“小孩子”没有让大家失望，不一会儿，它东瞧西看地又出现了。它试探性地靠近水槽，接触下就立刻逃开，又接近再逃开，反复几次后，它放心地钻进水槽中，看样子准备饱餐一顿。

舰上的工作人员迅速提起水槽。大家围上来看着水槽被打开，耳旁响起一阵海豹似的悲伤的叫声，一只绿色的小手伸出水槽，像无助的孩子在求救。

它的头上有一道骨冠，冠下的小眼睛里满是惊恐，根据观察，在场的人们确定，这是一头0.6米长的人鱼宝宝。

## 美人鱼是在水中生活的人吗？

一些学者认为，美人鱼可能与人类同宗，很久以前类人猿进化时，一支变成人生活在陆地上，另一支变异为美人鱼生活在水中。

人类的婴儿出生前生活在妈妈子宫的羊水中，还没出生就会游泳，这是当年进化时留下来的原祖痕迹。所以，美人鱼极有可能是留在水中生存的类人猿动物。

## 海牛与美人鱼是什么关系？

在20世纪70年代初，“美人鱼”多次光顾我国南海，渔民们经常看到它们在海面上露出脑袋的情景。有些人还把它们拍下来，在展览会上展出。

1975年，某科研单位在渔民的帮助下终于捕捉到了人们所说的“美人鱼”，经过研究发现它就是罕见的海洋生物“儒艮（gèn）”。

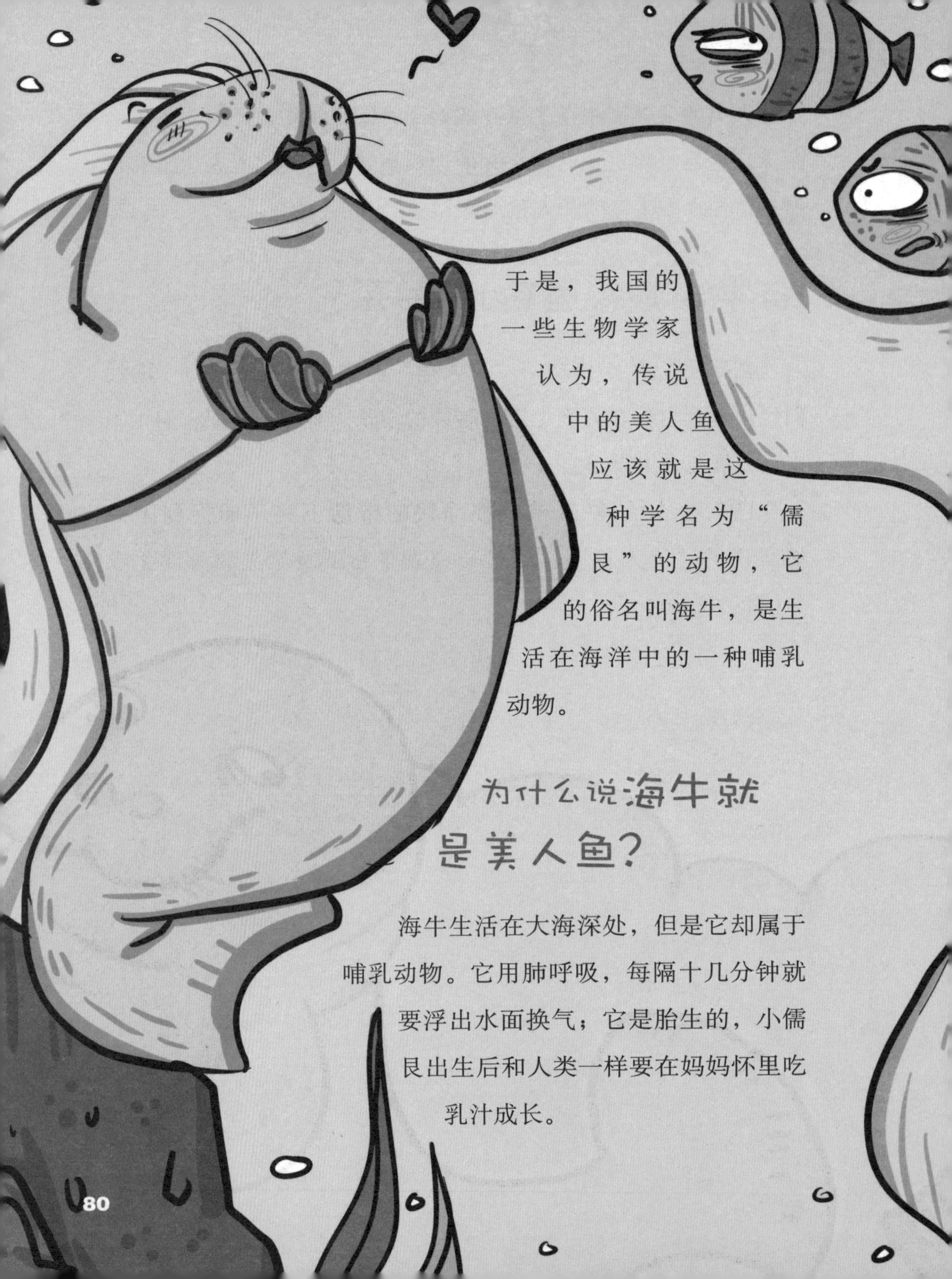

于是，我国的一些生物学家认为，传说中的美人鱼应该就是这种学名为“儒艮”的动物，它的俗名叫海牛，是生活在海洋中的一种哺乳动物。

## 为什么说海牛就是美人鱼？

海牛生活在大海深处，但是它却属于哺乳动物。它用肺呼吸，每隔十几分钟就要浮出水面换气；它是胎生的，小儒艮出生后和人类一样要在妈妈怀里吃乳汁成长。

当儒艮妈妈哺乳时，它会用前肢抱住宝宝，把头和胸部露出水面，这样宝宝就不会在吃奶时被水呛着了，这就是人们看到的美人鱼抱着宝宝的情景。它的背上长有稀少的长毛，也许就是人们所说的美人鱼的长发。

事实上，有很多种动物远远看去都很像美人鱼。比如，各种海狮、海豹等，虽然它们长得都不怎么好看，也不像人，但都与传说中的美人鱼有几分相似。

### 美人鱼都有鱼尾巴吗?

1980年，人们在红海海岸发现了一条奇异的美人鱼，这条人鱼并不像我们平时见到的一样。童话中或者以前发现的美人鱼形象，一般都是上半身披着长发、下半身有鱼尾巴的女子。

这次发现的半人半鱼的美人鱼却长反了，这条美人鱼的上半身像鱼一样，头是一颗鱼头，上面披着鳞片，但是下半身跟人一样，长着两条腿和十个脚趾。不过，当人们发现时，它已经死了，这是一种什么动物，我们也无从得知。

猜猜看

# 海雾的“障眼法”有多厉害？

深秋，雾气把整个城市笼罩在一片迷蒙中，看看楼下花园中的景色，就像是神仙住的地方一样，可是小朋友，不要只看到这雾的美丽哟！当出现雾天的时候，也是交通事故多发的时候，会给人们的工作和生活带来很大影响。但是这还不是最厉害的，海雾才更有本事呢！它会使用“障眼法”，让整个海面处于极危险的状态。想不想知道海雾是怎么形成的呢？它会造成什么影响呢？那就跟我一起去探索吧！

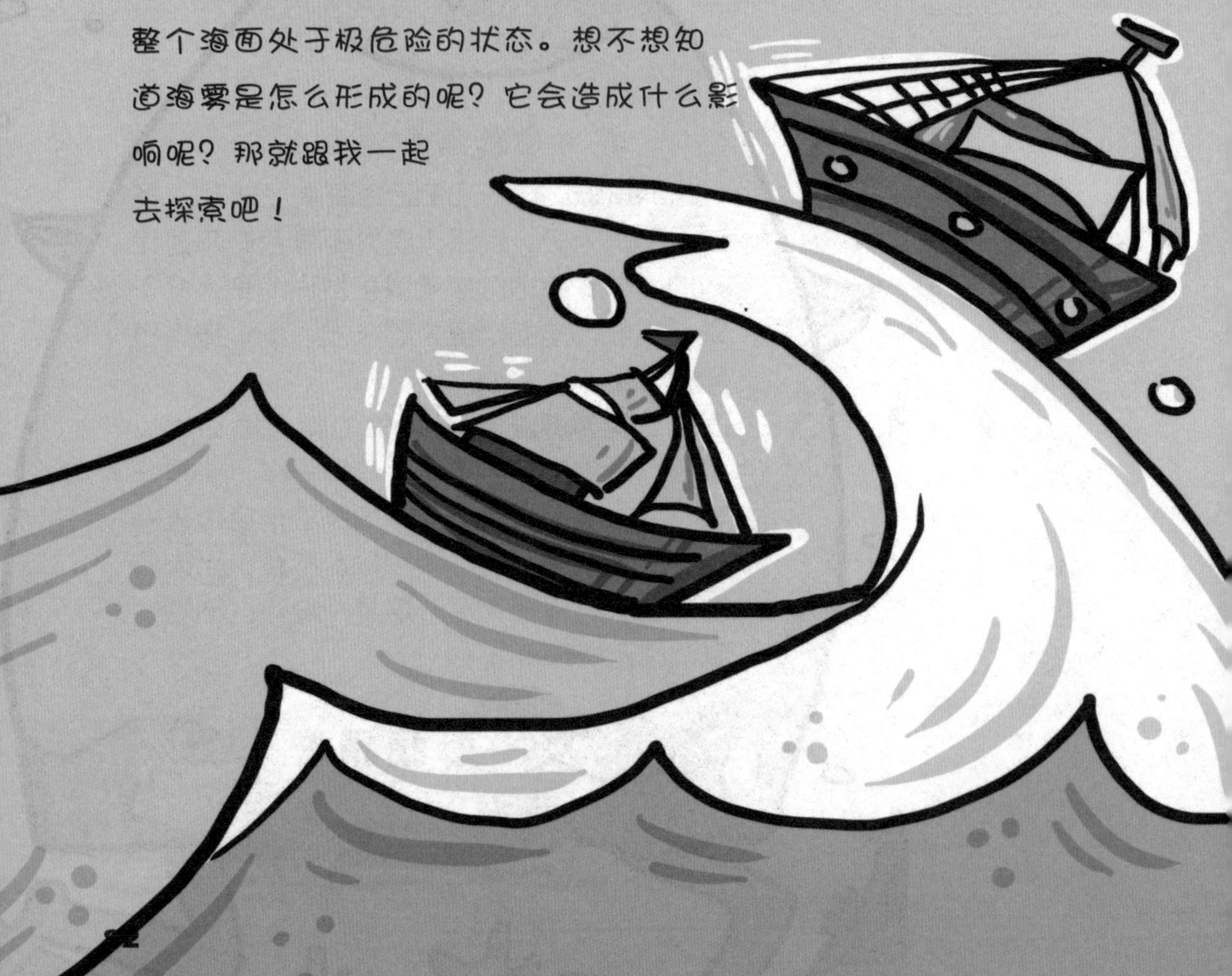

# “多里亚”号的海难

1956年7月25日夜，一艘灯火辉煌的瑞典客轮“斯德哥尔摩”号在雾海上航行，这是一艘有着8年船龄的邮船，装有航海雷达，经常来往于美国和瑞典之间，排水量1.17万吨。刚刚驶出港口不久，它就全速前进，完全没有意识到一个极大的危险正一步步向它靠近。

在“斯德哥尔摩”号的前方航线上，另一艘意大利客轮“多里亚”号已越过大西洋，正在向纽约港靠近。它是刚建成两年多的豪华客轮，排水量2.9万吨，装有先进的雷达，航行于意大利到纽约的航线。

晚上11点半，“多里亚”号航

行到离灯塔以西250海里处，就快要到纽约了，乘客们都很高兴，就在这时，一声巨响和震动之后，“斯德哥尔摩”号的船头猛地撞进了“多里亚”号右侧的中部。

当时“多里亚”号的航速是23海里/小时，“斯德哥尔摩”号的航速是18.5海里/小时，两艘船的相对速度在40海里/小时以上，碰撞形势十分惨烈。

海水迅速地涌进“多里亚”号的船舱里，使它产生了严重的右倾，而且它左舷的救生艇也没有办法从吊艇架上放下海去，严重影响了自救工作。最后“多里亚”号沉入了大西洋，船上有43人在碰撞中死亡和失踪。

“斯德哥尔摩”号的船

头也遭受了严重损坏：锚丢失在大海中，船头部分已破碎不堪，船体甲板建筑物纷纷掉落海中，成了一艘无头船。之后被拖到美国的船厂修理，幸运的是“斯德哥尔摩”号上没有一个人伤亡。

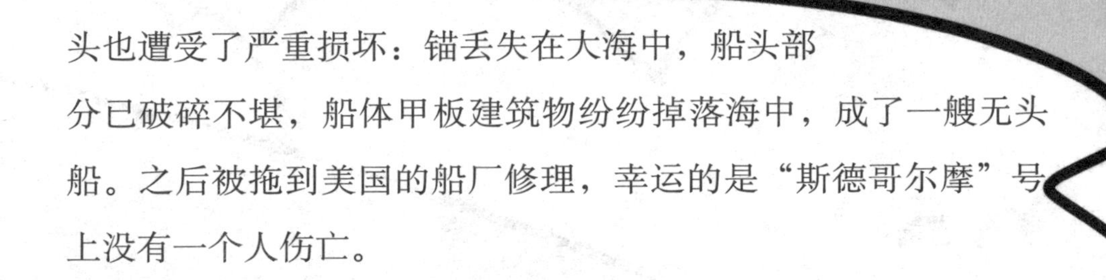

## 海难发生的原因是什么？

调查中发现，造成这场海难的原因竟然是海上的雾气。

由于当时海面有大雾，驾驶员的肉眼不可能发现对方。虽然两艘船都装有雷达，可是由于船在靠近陆地水域航行时，雷达电波受到陆地及岛屿阴影的干扰，而且海面的可见度低，不能及时发现前方船只而避免事故的发生。

## 海雾的种类是什么？

船在茫茫大海中航行，本来就会遇到这样那样的未知危险，更别说天气也跟着捣乱了。

海雾就是坏天气的一种，它是严重威胁着海上船只安全的海洋灾害，许多船都是在雾气中迷失了方向，导致失踪遇难。

在第二次世界大战以后，人们开始了对海雾的研究，根据成因的不同，将它们分为四种，分别是平流雾、混合雾、辐射雾和地形雾。

## 平流雾是怎么形成的？

当暖空气从温暖的水面流向冰水面时，暖空气就会冷却降温，凝结成

水汽，成为液体水滴悬浮在空中，这些水滴越聚越多便形成了雾。

这种雾一般比较浓，雾区范围大，持续时间长，能见度低。春季，北太平洋西部的千岛群岛和北大西洋西部的纽芬兰附近海域多会受到这种雾的影响。因为它是暖空气冷却而形成的，所以我们叫它平流冷却雾。

平流蒸发雾也是平流雾的一种，它是由于冷空气流到暖海面上，导致低层空气下暖上冷，使空气中的水汽达到饱和状态而形成的雾。它们很不稳定，所以雾区虽大，但是却不会太浓厚。一般从两极区域流出的冷空气，到达其邻近暖海面上或在巨大冰山附近的水域上，都可能形成这种雾。

## 混合雾是怎么形成的？

海洋上空的降雨，降至低空时，因低层温度增高而使雨滴二次蒸发。这样会使低层空气的温度再度提高。与此同时，冷空气

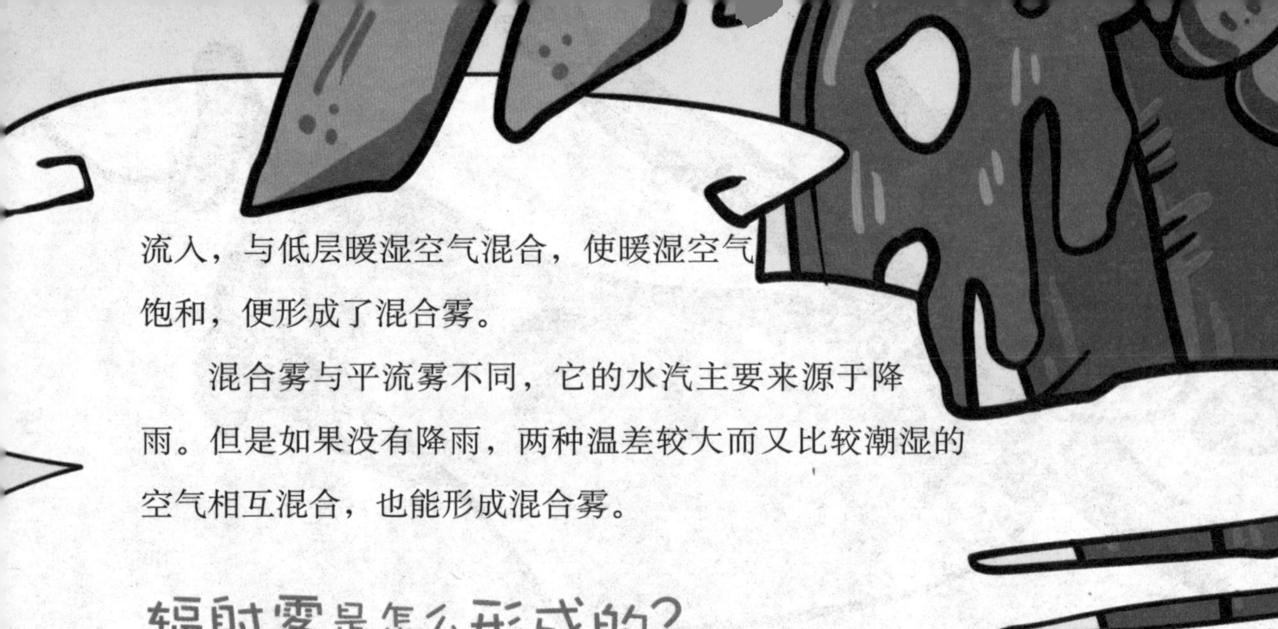

流入，与低层暖湿空气混合，使暖湿空气饱和，便形成了混合雾。

混合雾与平流雾不同，它的水汽主要来源于降雨。但是如果没有降雨，两种温差较大而又比较潮湿的空气相互混合，也能形成混合雾。

## 辐射雾是怎么形成的？

当海洋水面被一层悬浮的物质或冰层覆盖时，这层覆盖面在夜间辐射冷却很快，使贴近海面较暖的空气凝结出水滴，就会产生辐射雾。

在晴天黎明前后，漂浮在港湾或岸滨海面上的油污或悬浮物结成薄膜，水滴冷却在浮膜上即产生浮膜辐射雾。

风浪激起的浪花飞沫经蒸发后留下盐粒，借湍流作用在低

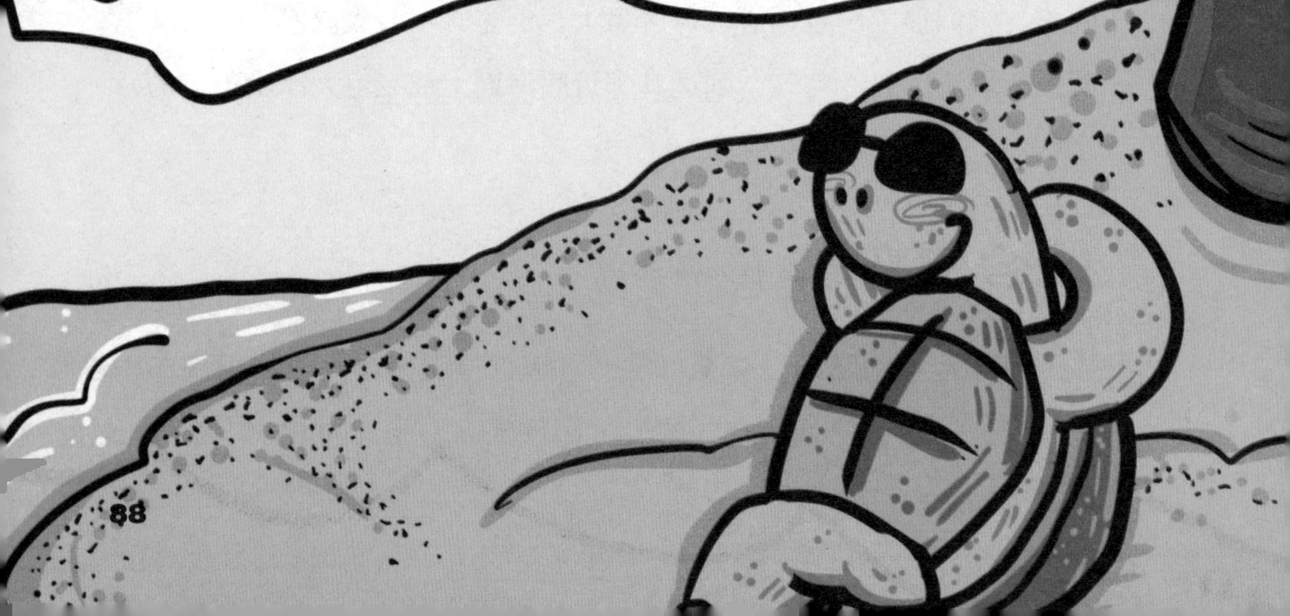

空构成含盐的气层，夜间因辐射冷却，也会在盐层上面生成雾。

高纬度冷季时的海面覆冰或巨大冰山面上，因辐射冷却同样会生成冰面辐射雾。

## 地形雾是怎么形成的？

地形雾从名字上看就是空气受到地形的影响而形成的雾，它一般分为岛屿雾和岸滨雾。空气爬越岛屿过程中冷却而成的雾，我们叫它岛屿雾。而产生于海岸附近，夜间随陆风漂移蔓延于海上，白天借海风推动，漂到海岸陆区的雾，我们叫它岸滨雾。

空气层结的改变，可使海雾升高变为层云，也可以使层云降低变成海雾。中国东海岸和美国西海岸都有这种现象。

### 海雾造成过哪些事故？

1975年6月19日，在胶州湾“马蹄礁”附近，因为浓雾弥漫，使得一天之内，发生了四起海上事故，浓雾挡住了人们的视线，可见度很低，使得一些船只撞到了一起，一些船只触到了礁石上，一些船只在沙滩搁浅……

像这种事故，据资料统计，仅日本从1948～1953年的6年中，一共发生了910次，其中因为浓雾伴随低气压恶劣天气造成的占60%左右。

由此可见，海雾的“障眼法”真的很厉害呀！

猜猜看

# 大海里也有河流吗？

在陆地上，有连绵起伏的高山，有纵横交错的河流，有坦荡如砥的平原……这些构成了我们生活的家园。小朋友想过吗，海洋中也会像陆地上一样，有这么多复杂的地势形态呢！呵呵，听起来像是不太可能的样子，那我们只有亲自去探索下了哟！

# 海里也有河流吗？

小朋友，你在大海边玩过漂流瓶吗？当我们把漂流瓶扔进大海后，大海会把它带到很远很远的地方，也许有一天在某个地方靠岸，装满我们心愿的小瓶子被一个陌生人打开。为什么小瓶子会漂到那么远呢？难道大海中也有流动的小河吗？

1962年6月，人们在澳大利亚佩思附近的海域投放了一批漂流瓶，5年后，在美国佛罗里达州的迈阿密发现了其中的一部分。

科学家估计，这些瓶子曾经渡过好望角，沿非洲北上，横渡了大西洋。行程大约有14000千米，平均每小时流过0.37千米。

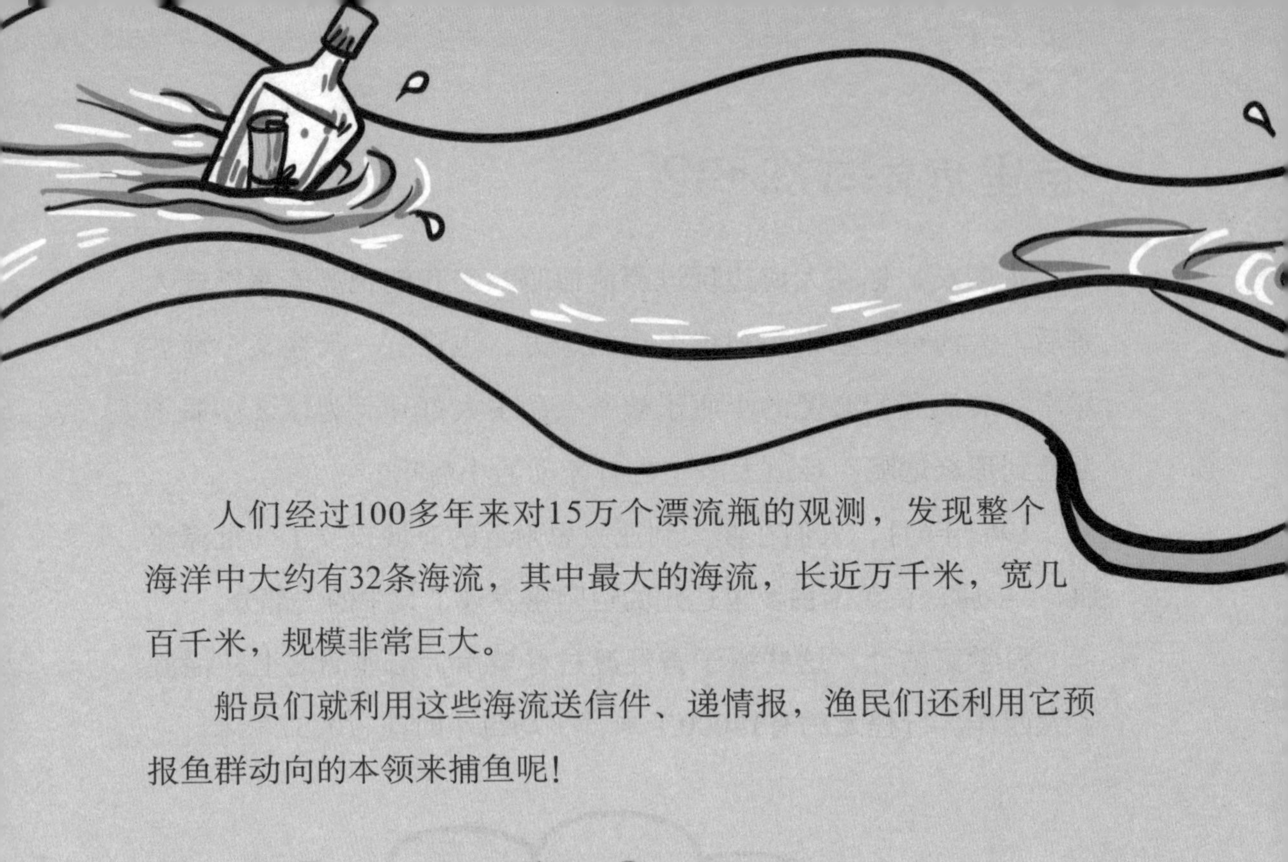

人们经过100多年来对15万个漂流瓶的观测，发现整个海洋中大约有32条海流，其中最大的海流，长近万千米，宽几百千米，规模非常巨大。

船员们就利用这些海流送信件、递情报，渔民们还利用它预报鱼群动向的本领来捕鱼呢！

## 海流是怎么形成的？

整个大海像一个大水库一样，为什么会出现海流呢？人们研究发现，海流的成因有两个，其中一个是因海面上的风力驱动，形成风生海流。

因为海水有很大的黏滞性，所以风吹动海面后海水的运动会消耗风很大的动能，这种流动变化随着深度的增大而减弱，到了很深的位置时，这个流动变化就会变得很小很小。

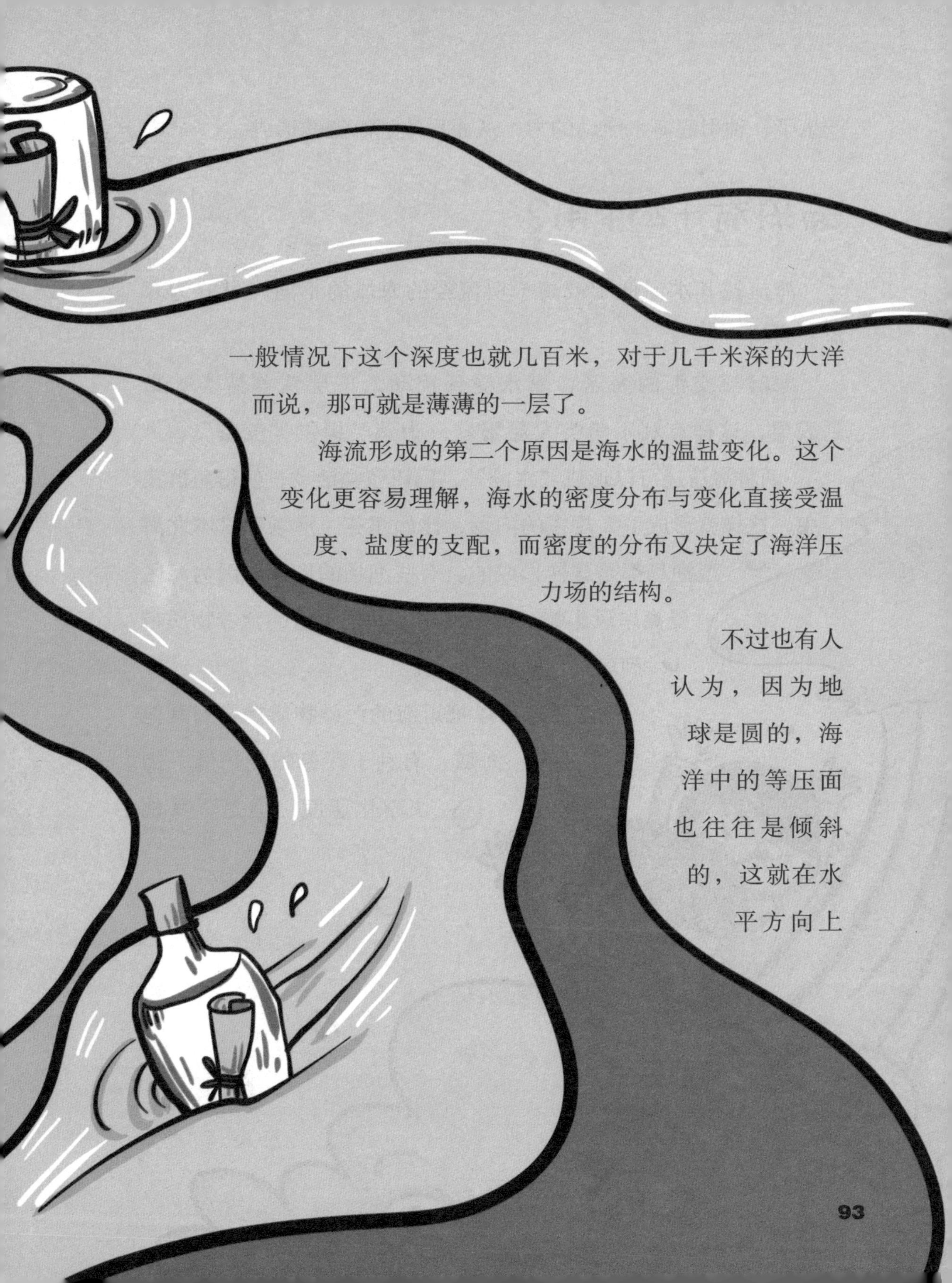

一般情况下这个深度也就几百米，对于几千米深的大洋而说，那可就是薄薄的一层了。

海流形成的第二个原因是海水的温盐变化。这个变化更容易理解，海水的密度分布与变化直接受温度、盐度的支配，而密度的分布又决定了海洋压力场的结构。

不过也有人认为，因为地球是圆的，海洋中的等压面也往往是倾斜的，这就在水平方向上产生了一种引起海水流动的力，从而导致了海流的形成。

## 海流有什么作用？

海流按其水温低于或高于所流经的海域的不同，可分为寒流和暖流。

寒暖流交汇的海区，海水受到扰动，下层营养盐类被带到表层，这样有利于鱼类大量繁殖，为鱼类提供“美餐”。

两种海流还可以形成“水障”，阻碍鱼类活动，使得鱼群集中，这样就形成了大规模的渔场，比如纽芬兰渔场和日本北海道渔场都是这样形成的。有些渔场的形成是因为海区受离岸风影响，深层海水上涌把大量的营养物质带到表层，如秘鲁渔场。

海流还可以把近海的污染物质携带到其他海域，有利于污染物的扩散，加快净化速度。但是，其他海域也可能因此受到污染，使污染范围扩大。

利用海流发电比利用陆地上的河流要高效得多，它既不受洪水的威胁，又不受枯水季节的影响，而且有常年不变的水量和一定的流速做支撑，完全可以成为人类可靠的能源。

小朋友们，海流对我们人类的生活是不是帮助很大呢？

# 是怎么回事？

我们在海边玩时，有时会从海滩上捡起一些美丽的贝壳、海星……它们不是生活在海中吗？是谁把它们带到海滩上来的呢？海水有时候会泛着白沫向海滩扑来，一片片的海滩就被海水浸泡；但是有时候，海水又像一个懂事的孩子，悄无声息地退了回去，这到底是为什么呢？是谁把海水推上来，又拽下去的呢？看来我们又要去探索才会明白喽！

# 潮涨潮落是怎么形成的？

生活在海边的人都会看到潮涨潮落的现象，白天，海水的涨落叫潮，夜晚，海水的涨落叫汐，合称为潮汐现象。为什么海水会做这么奇怪的运动呢？

这就要谈一谈宇宙中星体之间的秘密啦！总的来说，这是由于月亮和太阳对海水的吸引造成的。万有引力定律指出，宇宙中一切物体之间都是相互吸引的，月亮和太阳对地球的引力，在陆地和海洋两部分的任何一点上都是有的。

由于陆地地面是固体的，引力带来的表面变化不太容易看出来。但是海水就不一样了，它呈液态，在引力的作用下，会向吸引它的方向流动，这样就会形成明显的涨落变化。

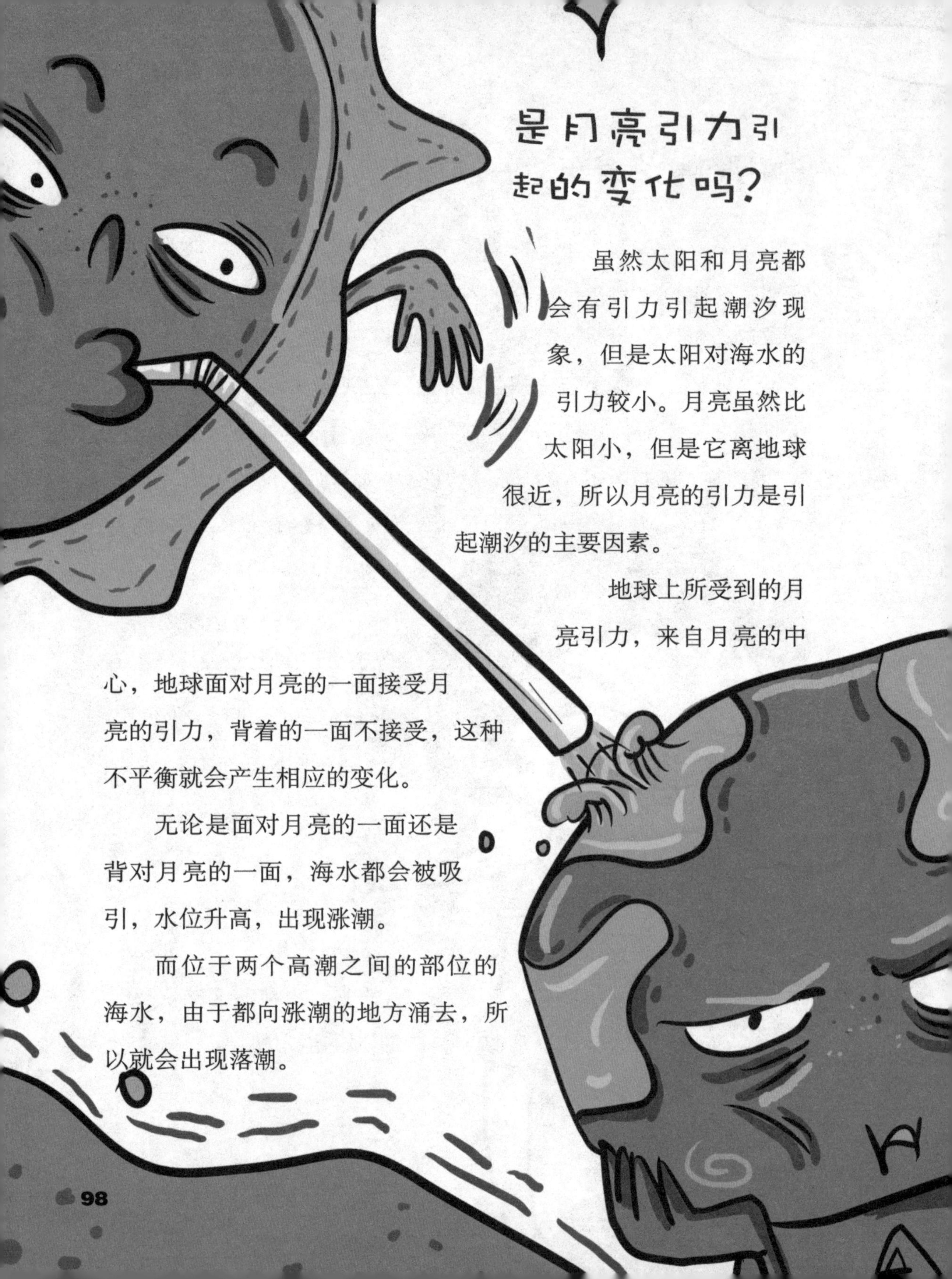

## 是月亮引力引起的变化吗？

虽然太阳和月亮都会有引力引起潮汐现象，但是太阳对海水的引力较小。月亮虽然比太阳小，但是它离地球很近，所以月亮的引力是引起潮汐的主要因素。

地球上所受到的月亮引力，来自月亮的中心，地球面对月亮的一面接受月亮的引力，背着的一面不接受，这种不平衡就会产生相应的变化。

无论是面对月亮的一面还是背对月亮的一面，海水都会被吸引，水位升高，出现涨潮。

而位于两个高潮之间的部位的海水，由于都向涨潮的地方涌去，所以就会出现落潮。

## 太阳也会引起潮水涨落吗？

地球在不停地自转，对于一个地方来说，每天都要面向月亮一次和背向月亮一次，所以一般来说，一天当中都会出现两次涨潮和两次落潮。

这是月亮引起的海潮变化，太阳对海水的引力虽小，仍然有一定的影响。而且潮汐运动由于太阳的加入变得更加复杂了，人们对此也做了一定的记录：

当每月农历初一或十五的时候，地球和月亮、太阳几乎在同一条直线上，日、月引力之和使海水涨落的幅度较大，就会产生大潮；而当农历初八和二十三的时候，地球、月亮、太阳组成了直角形，月亮的引力被太阳的引力抵消一部分，所以海水涨落的幅度就变小了，只能出现小潮。

## 海潮有哪几类？

除此之外，海潮涨落还会受到各种天气、地形的影响。也因此

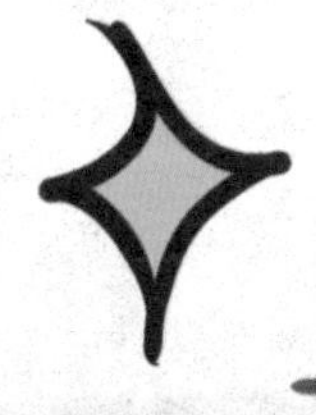

有的地方一天会出现两次涨潮，两次落潮，人们称为半日潮；有的地方只有一次涨潮，一次落潮，人们把它叫做全日潮。此外，还有的地方潮涨潮落没有规律，两个相邻的涨潮或落潮时间并不确定，人们管它叫混合潮。

我国南海多数地方就是这种混合潮型。比如榆林港，十五天中会出现全日潮，其余日子就是不规则的半日潮，而且潮的大小差别也较大。

## 什么是咸潮？

在海潮之中，有一种直接影响人们生产和生活的潮，叫做咸潮。

它主要是由干旱引起的，一般发生在冬至到次年的立春期间。由于上游的江水很少，雨量也不大，江河中的水位开始下降，所以沿海地区的海水通过河流或其他途径流到了内陆地区，这样一来那些靠江水生活的人们就面临着较大的问题。

因为海里的咸水在上游溯洄，江河下游的抽水口抽上来的就全是咸咸的海水，不能饮用，也不能浇灌，直接威胁着人类的生产和生活。我国的咸潮主要发生在珠江口。

## 潮汐可以被人们利用吗？

人们逐渐掌握了潮汐的运动规律之后，就想让它为我们的生活服务，在生产中发挥作用。海潮也不负重望，不仅可以帮助人类发电、捕鱼、产盐及促进航运发展，还能协助人们进行海洋生物养殖。

除此之外，海潮在一些军事行动中也产生了重要影响，历史上就有许多成功利用潮汐规律而

取胜的战役。

世界各国已选定了相当数量的适宜开发潮汐能的站址，1912年，世界上最早的潮汐发电站在德国的布斯姆建成。1966年，世界上最大容量的潮汐发电站在法国的朗斯建成，这是世界上最著名的三大潮汐电站之一，除此之外，还有加拿大的安纲波利斯潮汐电站和基斯拉雅潮汐电站。

我国自1958年以来，陆续在广东省的顺德和东湾、山东省的乳山、上海市的崇明等地建立了潮汐能发电站。

在军事方面海潮也立下过汗马功劳，1661年4月21日，郑成功率领25000将士从金门岛出发，到达澎湖列岛，准备进入台湾攻打赤嵌城。

当时郑成功没有选择进出方便的大港水道，而选择了凶险的鹿耳门水道，那里的水浅礁多，航道狭窄，且有荷兰军队凿沉的破船堵塞，荷军在此处设防薄弱。

小朋友，你一定会想：郑成功的船只走到这儿，不是也会被堵塞吗？当然不会，因为当时正好赶上涨潮，郑成功率领军队到达后，航道变得很宽很深了，他们的船队顺流迅速通过鹿耳门，攻其不备，在禾寮港登陆，直奔赤嵌城，一举登陆成功。

# 死海为什么不会淹死人？

死海？难道这个海是死的，或者这个海经常会夺去人的生命吗？呵呵，你可真冤枉它了哦！在死海中，我们可以不借助任何东西来漂浮，哪怕你不会游泳，只要你挺直自己的身体，把头抬起来，就可以舒服地躺在水面上打瞌睡呢！多神奇呀！这样的话死海应该叫做“不死海”呀，为什么还叫死海呢？为什么人在死海中不会下沉呢？让我们去死海进行神奇之旅吧！

# 死海是怎么来的？

远古时候，死海的位置是一片大陆。当地村里的男子们都有许多恶习，不务正业，先知鲁特劝他们改邪归正，但他们拒绝悔改。

上帝很生气，决定惩罚他们，便暗中谕告鲁特，叫他携带家眷在某日离开村庄，并且告诫他离开村庄以后，不管身后发生多么重大的事故，都不准回过头去看。鲁特按照规定的时间离开了村庄，走了没多远，他的妻子由于好奇，偷偷

地回过头去望了一眼。

啊！转瞬之间，好端端的村庄塌陷了，出现在她眼前的是一片汪洋大海，这就是我们所说的死海。鲁特的妻子因为没有听上帝的话立刻变成了石人。经过许多世纪的风雨，她仍然站立在死海附近的山坡上，扭着头日日夜夜望着死海。

因为上帝要惩罚那些执迷不悟的人，所以死海中没有任何生物存在，而且周围的地方也是寸草不生，这也

是死海得名的原因。

这当然只是一个神话，其实，死海只是一个咸水湖，是大自然造就的又一个神奇之境！

## 死海救过人吗？

死海虽然寸草不生，可是这个海也曾经有过一项壮举——它曾救了一群可怜的奴隶。

公元70年，古罗马的军队包围了耶路撒冷，一个叫狄度的统帅为了给那些反抗的人们一些警示，准备把几个奴隶处死。

他命令部下给奴隶们带上镣铐，投进海中。没想到的事情发生了，这几个奴隶好像戴了救生圈似的，就是不往下沉。反复投了几次，总是不下沉，而且还会被水流送回岸边。狄度又急又怕，再次命令把奴隶们抛进海里，结果还是漂了回来。

狄度终于放弃了，巨大的恐惧袭击着他，他以为有什么神灵在保佑奴隶，所以只好赦免了这些可怜的奴隶。

小朋友一定猜到了吧，救奴隶的这片海就是死海，如果狄度知道死海秘密的话，他一定不会善罢甘休吧？

## 为什么死海淹不死人？

死海的面积大约是102平方千米，南北长82千米，宽8～18千米。它的北部最深，南部最浅，只有4米左右。而且死海一直保持着分层状态，各水层之间也不会掺杂，但是不管哪一层，所含的盐分都很大，表层的水每升含盐288克，深层的水每升含盐是324克。

物体在水里是沉还是浮，与密度有很大关系，因为人身体的密度比一般水稍大一些，水虽然有浮力也无法把人托起，所以人掉到河里或者密度低的海里就会沉下去。

死海的水含盐量高达26%，这种水的密度大大超过了人体的密度，超高的盐分带来了超强的浮力，所以人在死海里根本不会下沉，即使你想往水下钻，死海的水也会把你托上来。

不过，死海的水对人也是有危害的哦。人如果不注意掉入水中，海水溅进眼睛里，会对眼睛造成很大损伤；如果不小心喝一口海水，会让胃难受好几天；如果身上有些小伤口，那么进入死海后更是觉得疼痛难忍。所以下死海前，一定要做好一切防护，不然也是有一定危险的！

# 死海为什么含这么多的盐？

死海之所以有这么高的盐分，与它周围的环境有很大关系。死海的周围几乎都是高达几百米的悬崖绝壁，附近也都是荒漠、砂岩和石灰岩层，只有约旦河和哈萨河等几条河流注入，却没有河流往外流水。河流把周围岩石的盐分带入死海，却没有再把带有盐分的水流出去。

而且这里的气候炎热干燥，海水大量蒸发，水中所溶解的盐类都积聚在湖内。就这样，经历很长很长的时间后，死海中所含的盐分越积越多，成了高浓度的咸水湖。

## 死海中为什么没有生物？

死海的水又苦、又咸、又黏，湖里蕴藏着丰富的溴、碘、氯等化学元素，在这样的环境里，生物是很难生存的。所以死海中既没有水草，也没有鱼儿，连湖的四周也是寸草不生，一片荒凉。

但是最近科学家发现，死海也不完全是“死”的，因为一些绿藻和各种细菌依然可以生活在这里。

## 死海真的要死了吗？

死海现在的日子可不太好过，水量一天天地在减少，在漫长的岁月中，死海不断地蒸发浓缩，湖水越来越少，盐度越来越高。

在中东地区，夏季气温高达50℃以上，唯一向它供水的约旦河水也被用于灌溉。所以死海面临着水源枯竭的危险，也许在不久的将来，死海将不复存在。

科学家意识到这个危机后，为了挽救死海枯竭的命运，决定要开掘一条连接地中海的运河，让地中海的水灌入死海中，同时建一个瀑布来发电。

但愿这个想法能尽快付诸实践，救活正在干涸的死海。

## 什么是浮力？

浮力，从名字上猜就是一种向上浮的力。一个物质无论是浸在液体或者什么气体里，这个物体都会受到液体或气体向上托的力，这个力就是浮力。除了水之外，大气也是有浮力的。

但是这个浮力并不能直接决定一个物体是否能漂起来，这是因为地球对任何物体都有引力，大气对人的浮力比地球对人的引力要小，所以人不能飘起来。但是氢气球却正相反，只要你一撒手，它就飞上天空了。

# 你知道多少海洋中的怪兽？

自古至今，大海就给人以无限神秘的感觉。海洋中的生物多种多样，人们觉得在海洋深处肯定藏着很多未知的生物，比如“海怪”。人们在传说中描写过许许多多的海怪形象，有像大爬虫一样的“海妖”，有像蛇一样的“海怪”，有像人一样的“恐龙鱼”……随着时间的发展，人们对海洋的了解越来越多，但是关于怪兽的故事却没有消失。下面，就让我们走进海洋，一起去寻找“海怪”吧！

## 人类发现最早的海怪

海洋深处存在海怪，是每个人都不可否认的传说，甚至连海盗的船头都要雕刻上海怪来避邪呢！

有一位名叫汉斯 · 艾凯德的海员声称，他在随船从挪威到格陵兰的旅程中，突然看到前面出现了一头怪兽。这只怪兽有一颗尖尖的头，脖子细长，身体像大木桶那样粗，弯弯曲曲的身体像蛇一样……

汉斯边看边把那个怪兽画了出来。回岸后，他把这张图发表到了报纸上，引起了一场大轰动，人们给怪兽起了一个形象的名字叫“海蛇”，这是人类发现的第一只海怪。

## 关于“海蛇”的传说

之后，人们发现海怪的事儿就越来越多了，许多国家的航海日志上都有发现海怪的记录，他们几乎都说亲眼看到了这种叫“海蛇”的怪兽，美国的两个渔民就曾亲眼目睹过“海蛇”的尊容。

当时，他们正行走在马萨诸塞州的海岸边，

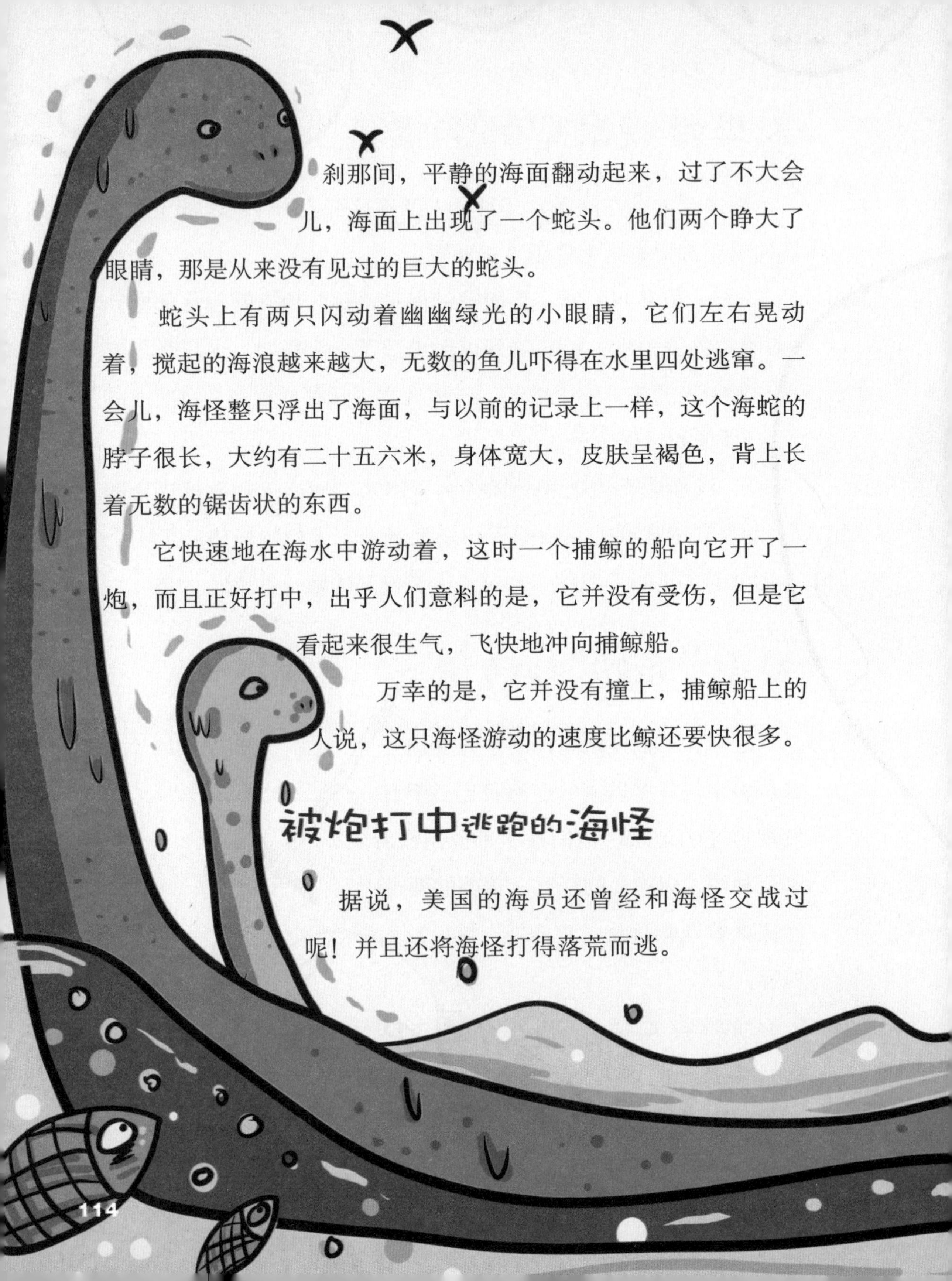

刹那间，平静的海面翻动起来，过了不大会儿，海面上出现了一个蛇头。他们两个睁大了眼睛，那是从来没有见过的巨大的蛇头。

蛇头上有两只闪动着幽幽绿光的小眼睛，它们左右晃动着，搅起的海浪越来越大，无数的鱼儿吓得在水里四处逃窜。一会儿，海怪整只浮出了海面，与以前的记录上一样，这个海蛇的脖子很长，大约有二十五六米，身体宽大，皮肤呈褐色，背上长着无数的锯齿状的东西。

它快速地在海水中游动着，这时一个捕鲸的船向它开了一炮，而且正好打中，出乎人们意料的是，它并没有受伤，但是它看起来很生气，飞快地冲向捕鲸船。

万幸的是，它并没有撞上，捕鲸船上的人说，这只海怪游动的速度比鲸还要快很多。

## 被炮打中逃跑的海怪

据说，美国的海员还曾经和海怪交战过呢！并且还将海怪打得落荒而逃。

盛夏的一天，美国的一艘海船正平稳地行驶在海面上。突然，在离船30多米的水面上钻出一个巨蛇状怪物的头和脖子，它用闪闪发亮的眼睛直望着这艘船，不一会儿，大约有30米长的身体也露出海面。

海员害怕被它撞上，于是壮着胆子向它开炮，结果它摆动着身子，以大约每小时15海里的速度向反方向逃跑了。

## 捕捉海怪的船莫名消失了

也许是海怪在为自己的“同胞”报仇吧，在“美国海员枪击海怪”事件发生不久，一只海怪便袭击了美国的一艘捕鲸船。

当时，这艘美国捕鲸船正航行在大西洋赤道海域，船员们突然发现前方海面翻起恶浪，有一只黑色的怪物在水面上时起时落，脑袋像蛇头，身体又粗又长。当它大部分身体露出海面时，一边摆动着身体，一边发出“呜呜”的声音。

船长被吓了一跳，情急之中赶忙命令炮手开炮，结果第一炮就命中了怪物，接着又命中了第二炮。然后他们用一根大铁叉刺向了海怪，怪物带着铁叉不断下沉，铁叉连着缆索接了一根又一根，10多个小时以后，缆索才不动了。

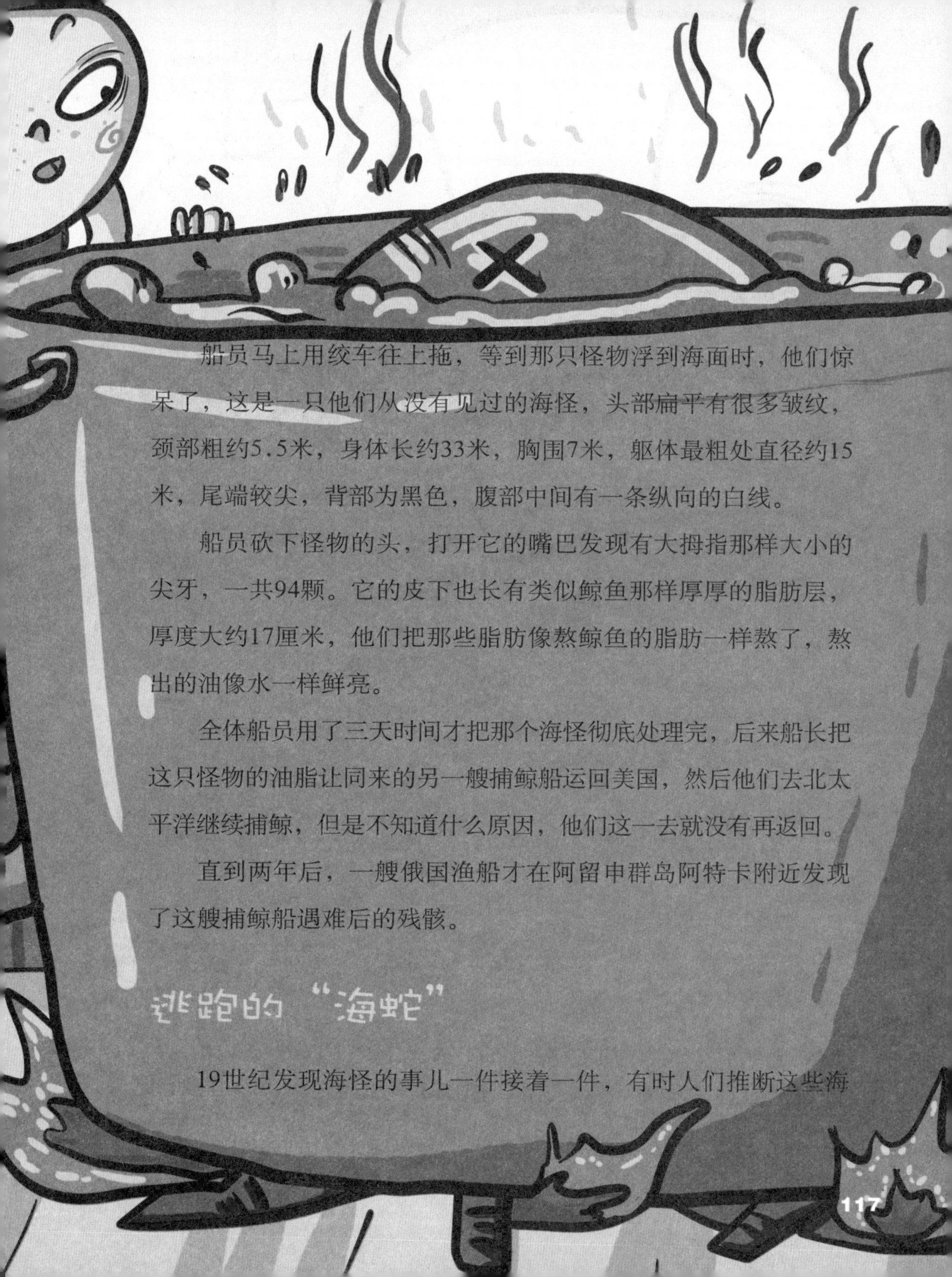

船员马上用绞车往上拖，等到那只怪物浮到海面时，他们惊呆了，这是一只他们从没有见过的海怪，头部扁平有很多皱纹，颈部粗约5.5米，身体长约33米，胸围7米，躯体最粗处直径约15米，尾端较尖，背部为黑色，腹部中间有一条纵向的白线。

船员砍下怪物的头，打开它的嘴巴发现有大拇指那样大小的尖牙，一共94颗。它的皮下也长有类似鲸鱼那样厚厚的脂肪层，厚度大约17厘米，他们把那些脂肪像熬鲸鱼的脂肪一样熬了，熬出的油像水一样鲜亮。

全体船员用了三天时间才把那个海怪彻底处理完，后来船长把这只怪物的油脂让同来的另一艘捕鲸船运回美国，然后他们去北太平洋继续捕鲸，但是不知道什么原因，他们这一去就没有再返回。

直到两年后，一艘俄国渔船才在阿留申群岛阿特卡附近发现了这艘捕鲸船遇难后的残骸。

## 逃跑的“海蛇”

19世纪发现海怪的事儿一件接着一件，有时人们推断这些海

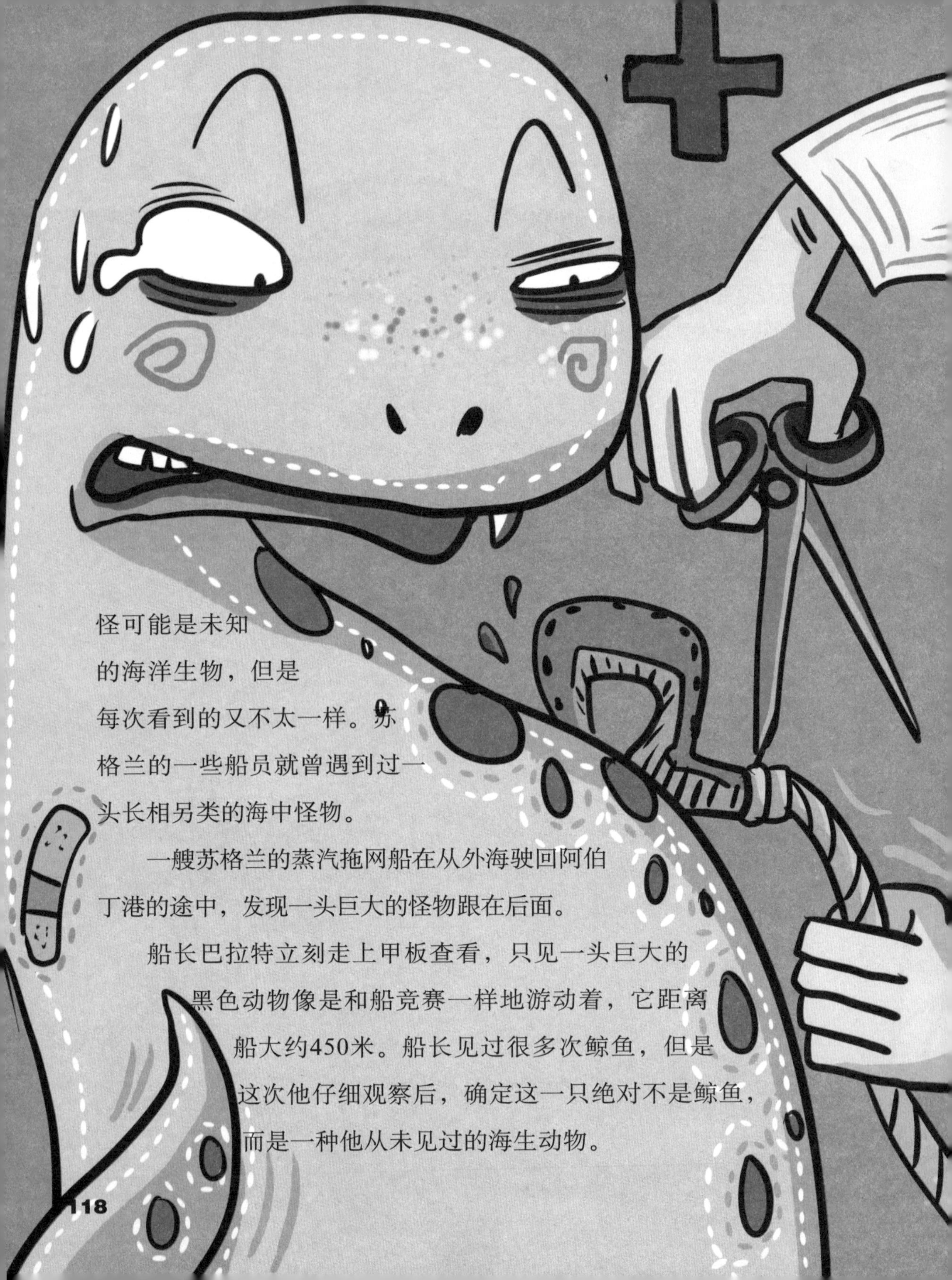

怪可能是未知的海洋生物，但是每次看到的又不太一样。苏格兰的一些船员就曾遇到过一头长相另类的海中怪物。

一艘苏格兰的蒸汽拖网船在从外海驶回阿伯丁港的途中，发现一头巨大的怪物跟在后面。

船长巴拉特立刻走上甲板查看，只见一头巨大的黑色动物像是和船竞赛一样地游动着，它距离船大约450米。船长见过很多次鲸鱼，但是这次他仔细观察后，确定这一只绝对不是鲸鱼，而是一种他从未见过的海生动物。

这个生物从水里把身子抬起来，形状和蛇很相似，身体是褐色的，皮上清晰可见很多粗壮的毛。船员用长长的绳索系着鹰嘴钩朝它投去，投了两次才勾住了它的背部，那个怪物立刻把身子前半部完全浮出水面，向船冲来。

船长清楚地看到它把头抬到船上放置绳索的地方，然后用闪电般的速度潜入水中。这一瞬间，甲板上的绳索、帆和鹰嘴钩等被一扫而空。水手们大惊失色，以为它还会采取什么行动，但是怪物很快地回到水中消失了，没有再出现过。

### 猜猜看

#### 真的有海怪吗？

从发现海怪到现在，人们总结出，那些越是容易出事故的海域中，海怪出现的可能性也越大，像北大西洋、非洲南部、加勒比海等地方。这里来往的渔船和客船都有过类似遭遇海怪的经历，而且海员记录的海怪也大都是像蛇一样的生物。

历史上近200多年才有海怪的记录，我们对海洋的认识也不全面。因此很多人并不认为有海怪存在，但是，如此多的海怪记录表明，海洋中出现海怪也不全是凭空想象的。这些海域中也许真的存在一种我们未知的新生物，它们也许是史前动物的后裔，躲在海中，用自己特有的方式生存了下来。

# 什么？海马的
# 爸爸会生宝宝？

在人们的印象中，几乎所有的动物都是“妈妈”来孕育宝宝的，可是在浩瀚的大海里，就生活着一种与众不同的动物，这种动物的“妈妈”们不负责生育，而是把这项艰巨的任务交给了“爸爸”们。这是怎么回事呢？接下来，咱们就一起去看看这个奇怪的家族吧！

## 这种独特的动物是什么呢?

这种动物不仅生育情况与众不同，就连长相也很特别呢!

它长有马形的头，蜻蜓的眼睛，像虾一样的身体，如象鼻一样的尾巴，若是根据它这个四不像的样子来为它取名还真是很难，后来，人们干脆就根据它形如马头的脑袋，称其为海马了。不过，你可不要把它和马混为一谈，它可是个十足的鱼类，虽然是个最不像鱼的鱼类。

# 海马究竟长什么样呢?

海马的头侧偏，头两侧各有两个鼻孔，头与身体成直角形。腹部由10～12个骨环组成，就像穿了一副坚硬的铠甲，鼓鼓的肚子向外凸出，以致身体都无法弯曲。一般海马的体长为10厘米左右，全身都由膜质骨片包裹，有一个无刺的背鳍，没有腹鳍和尾鳍，不过它的背鳍很小很小，用肉眼是看不出来的。海马的尾部细长，常常保持卷曲状，尾部的末端可以自由活动，休息时，海马会将它缠绕在海藻或其他植物上。

# 为什么海马“妈妈”不生宝宝呢？

每当繁殖季节来临时，随着雄海马的身躯不停地伸直与弯曲，很多小海马就会一个个从它的腹部出来。这又是怎么回事呢？为什么海马“妈妈”不生宝宝，而让海马“爸爸”生呢？

原来，在雄海马的腹部有一个育儿囊，雌海马在一开始就把成熟的卵子产到了雄海马的育儿囊内。雄海马给卵子受精后，便会封闭住育儿囊的口，它也就担任起孵卵哺乳的重任。由于育儿囊内的血管能给受精卵提供充足的氧气和营养，经过一个多月后，便孕育出了小海马。

其实，并不是海马“妈妈”不负责任，而是它的腹部根本没有像育儿囊一样的器官。

## 懒惰的家伙

海马在全世界都有分布，以热带、亚热带数量较多。海马喜欢生活在沿海海藻丛生的海区，经常将卷曲的尾部缠绕在海藻的茎枝上，有时也会倒挂在漂浮着的海藻或者其他飘浮物上随波逐流，真是个奇懒无比的家伙。

可是这么懒的家伙怎么摄取食物呢？原来，懒家伙也有懒招数。当海马漂到水温、水质较好的水域时，就会吃很多食物，而且消化得很快；而当水质不好时，它便会减少摄食量，甚至停食。这时，你不用担心海马会饿死，它可是具有很强的耐饥性哦，最长可以近130天不进食呢！

## 海马的种类有哪些？

海马种类繁多，而且是名贵的中药材，有“南方人参”的美誉。

在我国沿海主要有6种海马，即刺海马、管海马、斑海马、日本海马、克氏海马、冠海马。其中，冠海马多见于我国的黄海和渤海海域，而其他几种海马多在南海海域出现。海马中，尤以克氏海马体型最大，而药用价值较高的则是斑海马、刺海马、日本海马、大海马。

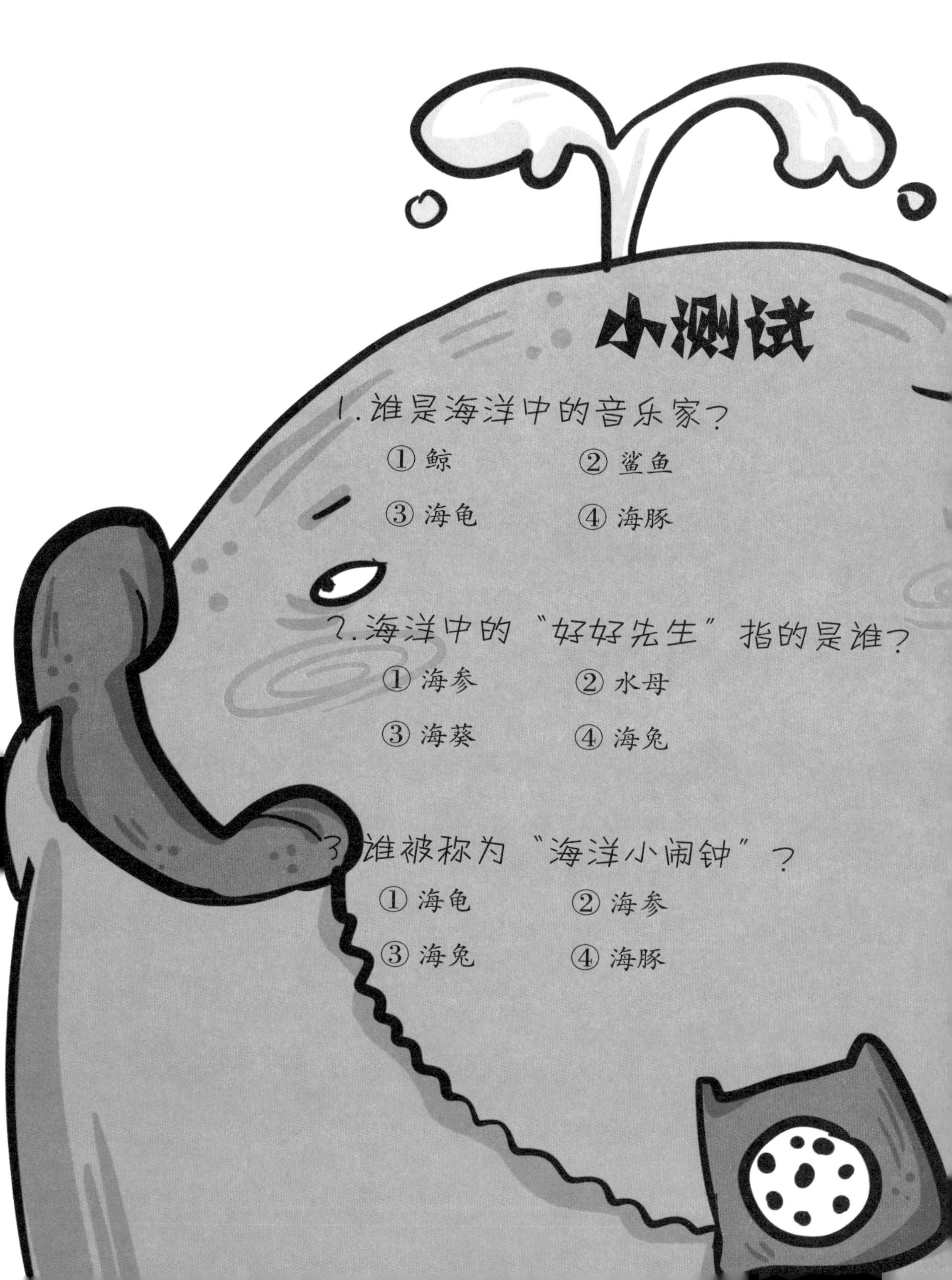
小测试
1.谁是海洋中的音乐家？
① 鲸 ② 鲨鱼
③ 海龟 ④ 海豚
2.海洋中的“好好先生”指的是谁？
① 海参 ② 水母
③ 海葵 ④ 海兔
3.谁被称为“海洋小闹钟”？
① 海龟 ② 海参
③ 海兔 ④ 海豚

图书在版编目(CIP)数据

你不知道的海洋秘密 / 纸上魔方编著. —重庆：重庆出版社，2013.11
（知道不知道 / 马健主编）
ISBN 978-7-229-07123-3

Ⅰ.①你… Ⅱ.①纸… Ⅲ.①海洋—青年读物 ②海洋—少年读物 Ⅳ.①P7-49

中国版本图书馆 CIP 数据核字(2013)第 255611 号

**你不知道的海洋秘密**
NI BU ZHIDAO DE HAIYANG MIMI
**纸上魔方 编著**

出 版 人:罗小卫
责任编辑:易 扬 王 娟
责任校对:胡 琳 杨 婧
装帧设计:重庆出版集团艺术设计有限公司·陈永

重庆出版集团
重庆出版社 出版
重庆长江二路 205 号 邮政编码:400016 http://www.cqph.com
重庆出版集团艺术设计有限公司制版
重庆现代彩色书报印务有限公司印刷
重庆出版集团图书发行有限公司发行
E-MAIL:fxchu@cqph.com 邮购电话:023-68809452
全国新华书店经销

开本:787mm×980mm 1/16 印张:8 字数:98.56 千
2013 年 11 月第 1 版 2014 年 4 月第 1 次印刷
ISBN 978-7-229-07123-3
**定价:29.80 元**

如有印装质量问题,请向本集团图书发行有限公司调换:023-68706683